赤泥知多少

王丽 孙伟 胡岳华 吕斐 李芳 编著

U0323194

北 京

冶金工业出版社

2022

内 容 提 要

本书系统介绍了赤泥的"前世今生",内容包括赤泥的产生、性质、危害以及处置方法、综合利用技术等相关知识,循序渐进,环环相扣,并融入了作者的理解。全书共分为7章。第1章介绍赤泥的产生和赤泥的性质。第2章介绍赤泥的环境危害和赤泥的处置现状。第3章介绍赤泥的无害化技术,给赤泥也带上"紧箍咒"。第4章~第6章主要介绍赤泥的资源化利用技术:第4章针对赤泥是隐形的多金属矿山这一特点,阐述有价金属的提取和回收;第5章介绍赤泥基建筑材料;第6章介绍赤泥基环保吸附材料。第7章主要阐述赤泥综合利用中存在的问题以及发展趋势。

本书可为相关科研人员提供参考或作为政府、企业等单位的学习资料。

图书在版编目(CIP)数据

赤泥知多少/王丽 等编著 .—北京:冶金工业出版社,2020.9
(2022.9 重印)
ISBN 978-7-5024-8599-3

Ⅰ.①赤… Ⅱ.①王… Ⅲ.①赤泥—研究 Ⅳ.①TQ172.7

中国版本图书馆 CIP 数据核字(2020)第 168118 号

赤泥知多少

出版发行	冶金工业出版社		**电 话**	(010)64027926
地 址	北京市东城区嵩祝院北巷 39 号		**邮 编**	100009
网 址	www. mip1953. com		**电子信箱**	service@ mip1953. com

责任编辑 杨盈园 美术编辑 彭子赫 版式设计 禹 蕊
责任校对 王永欣 责任印制 禹 蕊
北京建宏印刷有限公司印刷
2020 年 9 月第 1 版,2022 年 9 月第 2 次印刷
710mm×1000mm 1/16;9 印张;128 千字;132 页
定价 46.00 元

投稿电话 (010)64027932 投稿信箱 tougao@cnmip. com. cn
营销中心电话 (010)64044283
冶金工业出版社天猫旗舰店 yjgycbs. tmall. com
(本书如有印装质量问题,本社营销中心负责退换)

本书编辑委员会

序

    铝及其合金具有耐腐蚀、导电导热、质量轻、强度高等优良性能，在日常生活和工业生产中得到广泛应用，成为仅次于钢铁的世界第二大消费量的金属。随着对铝需求的不断增加，全球氧化铝行业一直在快速扩张，相应产生了大量赤泥。截至2018年，全球赤泥存量已超过46亿吨，并以每年超过1.5亿吨的速度增加。我国是铝工业制造大国，氧化铝和原铝产量均占世界50%以上，相应地，我国赤泥年产量也达到世界产量的一半以上。但赤泥目前利用率极低，仅为4%左右，有些地区甚至为零利用。

    目前，筑坝堆存仍是全球赤泥处置的主要方式。通常，赤泥通过干或半干工艺大量堆放。由于赤泥碱性强，重金属种类多、含量大，长期储存不仅占用了大量土地，而且使环境面临严重的风险。赤泥堆场的渗滤液污染周围的土壤和地下水，造成各种环境问题。由于赤泥的粒度极细，堆场表面容易形成粉尘，对周围社区和下风区造成空气污染，影响人类和牲畜的健康。此外，赤泥长期堆存还存在很大的安全风险。2010年，匈牙利发生了轰动一时的赤泥库溃坝事故，10人丧生，122人重伤，40平方千米的土地遭到污染，当地生态遭到严重破坏。国内也时有赤泥尾矿库泄露、溃坝事故发生，给周边居民的生命财产安全造成严重威胁。赤泥的安全处置，已经成为制约铝工业可持续发展的瓶颈。

    目前，国内外对赤泥回收利用的研究主要集中在以下几个方面：有价金属回收，包括铁、铝、钛、镓、铼和稀土元素；生产建筑材料，如水泥，混凝土、砖，地质聚合物，陶瓷材料和路基材料等；制备用于治理废气、废水和受污染土壤的修复材料；用作各种反应的催化剂等。然而，强碱性限制了赤泥在这些领域的应用，以致并没有获得工业化推广。例如，在制备建筑材料时，高碱度可能导致建材碱风化，从而导致强度低和耐久性不足。近年来，针对赤泥堆场无害化处置的原位生态修复得到较为广泛的研究，但尚未形成成熟的修复工艺。赤泥无害化处置与综合利用任重道远。

中南大学胡岳华、孙伟教授及其所带领的团队长期从事矿产资源的高效综合利用、有色选冶固废资源化及相关理论研究。近年来，团队针对赤泥高碱度的特性，开发了赤泥高效快速清洁脱碱及土壤化关键技术，通过在常温搅拌酸性浸出过程定向调控有害元素硅、铝等元素的溶出，实现脱碱赤泥固液高效分离。团队还研究了浸出液中硫酸钠的回收及脱碱赤泥人工土壤形成及生态修复技术，充分利用脱碱溶液和脱碱赤泥，在赤泥无害化处置过程中实现零排放，为解决赤泥堆存带来的环境问题提供了新途径。

本书系统介绍了赤泥的"前世今生"，从赤泥的产生、性质、危害，到处置方法、综合利用技术等相关知识，循序渐进，环环相扣，并融入了作者的理解，可为相关科研人员提供参考与启示，也是政府、企业等单位的重要学习资料。相信该书的出版将使全社会加深对赤泥的理解，推动赤泥无害化处置新技术的研发与推广。

贺明遥

2020 年 4 月 30 日

前　言

　　铝及铝合金具有优良的导电性、导热性、抗腐蚀性、可焊接性、易成型性及易加工性，广泛应用于航空航天、电子电力、交通运输、机械设备、食品包装、建筑工业等行业。铝生产量和消费量稳居有色金属首位，且增长速度远高于铜、锌、铅等其他有色金属品种。铝土矿是自然界最具有商业价值的提铝原料。自 1889 年拜耳优化了拜耳法生产氧化铝工艺至今，铝土矿资源已然成为支撑人类经济发展的重要矿产资源。

　　赤泥是拜耳法生产氧化铝时排出的污染性废渣，一般平均每生产 1t 氧化铝，附带产生 1～2t 赤泥。据统计，全球的赤泥储量接近 40 亿吨，并且其储量以年产约 1.5 亿吨的速度增长。在我国，赤泥每年的产量约 8800 万吨，总储量超过 6 亿吨。随着铝需求的不断增大以及铝土矿矿产品质的逐渐降低，这些数字也在以惊人的速度增长。赤泥是强碱性物质，浸出液的 pH 值为 12～14，同时赤泥中氟、重金属等有害组分含量高，导致综合利用困难，综合利用率不足 4%。赤泥目前处置方式仍以堆存为主，既占用土地、浪费资源，又易造成环境污染和安全隐患，亟待开展赤泥高效无害化处置以及大规模清洁消纳新工艺、新方法和新技术。

　　针对赤泥的突出问题，本书作者及国内外大量专家学者开展了历时几十年的基础研究和技术攻关，发明了赤泥高效快速清洁脱碱及土壤化新技术，赤泥"预热—蓄热还原—再氧化"悬浮磁化焙烧提铁新技术，改进的碱石灰烧结法综合回收赤泥中铁、铝、钠元素新技术等先进的赤泥无害化处置及资源化利用新技术，本书即以此为基础总结提炼而成。本书的特色是以通俗易懂的语言介绍赤泥的特点、处置技术等相关知识，希望本书出版不仅对高校及研究院所等科研机构提供参考，更能够对政府机构、企业单位等非科研机构提供学习的资料，通过阅读本书加深对赤泥的理解。

全书共分为 7 章，分别介绍了赤泥的"前世"，包括赤泥是如何产生的和赤泥的性质；赤泥的"今生"，包括赤泥的环境危害和赤泥的处置现状；赤泥的无害化技术，给赤泥也带上"紧箍咒"；赤泥的资源化利用技术，包括有价金属的提取和回收，赤泥基建筑材料、赤泥基环保吸附材料的制备；最后对赤泥综合利用中存在的问题以及发展趋势进行了相关的总结。

本书由王丽、吕斐、唐鸿鹄、王艳秀、高建德、胡岳华等人编写，由王丽、吕斐、孙伟、李芳等人进行后期的修改及全文校准。张烨、孙宁、曾华、胡广艳、王国东、蓝柳佳、徐芮等人也参与了本书的实验与资料收集工作，在此一并表示感谢。

书中不足之处，恳请广大读者和同行批评指正。

作　者
2020 年 5 月

目 录

赤泥的"前世"

铝（Al）是地壳中含量最多的金属元素，约占7.73%，主要以化合态的形式存在。铝是年轻的金属、节能的金属、应用日益广泛的金属。铝元素是丹麦物理学家 H. C. 奥尔斯德于1828年发现的，自从电解生产法发明以来，铝的生产和应用发展十分迅速。由于铝及铝合金优良的导电性、导热性、抗腐蚀性、可焊接性、易成型性及易加工性，其生产量和消费量稳居有色金属首位，且增长速度远高于铜、锌、铅等其他有色金属品种。铝及铝合金的用途极为广泛，航空航天、电子电力、交通运输、机械设备、食品包装、建筑工业都需要大量的铝材，这促使了铝的需求量日趋增大[1,2]。

图 1-1 显示了氧化铝近20年来的产能变化情况。世界氧化铝产量自2003年以来增长平稳，2019年氧化铝产量较2003年增长了约1.3倍，达

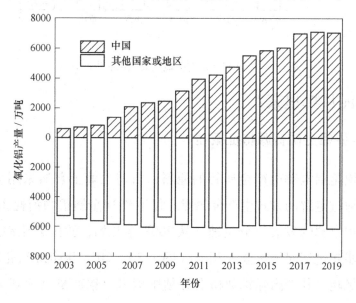

图 1-1　2003～2019 年全球各地区氧化铝产量的变化趋势

13235.1 万吨。其中我国近 20 年来的氧化铝产量高速增长，2019 年的氧化铝产量较 2003 年增长了约 10.7 倍，达 7128.4 万吨；全球占比由 2003 年的 10.4% 增长到 2019 年的 53.9%，跃居全球第一大氧化铝生产国。图 1-2 显示了 2019 年我国不同省份氧化铝产量主要分布情况。从图中可以看出，我国氧化铝工业相对集中在山西、河南、广西和贵州，2019 年这 5 省的氧化铝产量全国占比超过 95%。另外，云南、重庆等地也有少量的氧化铝工业[3]。

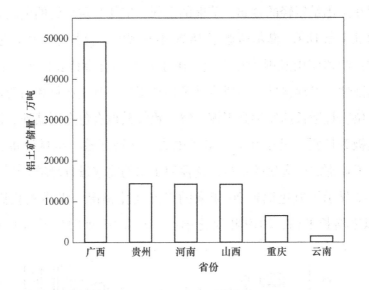

图 1-2　2019 年我国有关地区氧化铝的生产总量

1.1　赤泥从哪里来?

1.1.1　世界铝土矿资源特征概述

氧化铝是铝电解生产金属铝的原料，目前工业上普遍采用冰晶石-氧化铝熔盐通过电解的方式生产金属铝。每生产 1t 金属铝约消耗 2t 氧化铝。氧化铝和铝电解的发展十分迅速，从 2007 年开始，我国氧化铝工业飞速发展，逐步超过当时榜首澳大利亚（图 1-3）。2018 年全球氧化铝生产总量约 1.3 亿吨，其中国际铝业协会评估中国氧化铝产量已达到 7000 万吨以上，约占全球氧化铝产能的 55%（图 1-4）[4,5]。

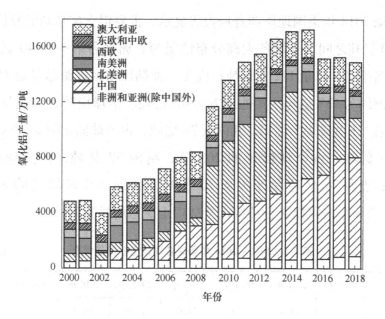

图 1-3 2000～2018 年全球各地区氧化铝产量的变化趋势

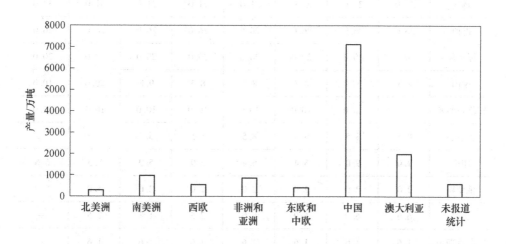

图 1-4 2018 年全球各地区氧化铝的生产总量（万吨）

自然界中可作为提取铝的原料的矿物有很多，其中最具商业价值的是铝土矿，其次是霞石正长岩，后者仅少量存在于俄罗斯。自1889年拜耳优化出了拜耳法生产氧化铝工艺至今，铝土矿资源已然成为支撑人类经济发展的重要矿产资源。

根据 2018 年美国地质调查局报告显示，世界铝土矿基础资源量在 550 亿 ~ 750 亿吨之间。全球各大洲分布情况为非洲排名第一，240 亿吨；大洋洲排名第二，总量 172.5 亿吨；南美、加勒比地区资源总量是 157.5 亿吨，亚洲约为 135 亿吨，其他地方为 45 亿吨。全球探明资源储量 300 亿吨，由表 1-1 和图 1-5 可知，几内亚 74 亿吨，占全球储量的 24.7%；澳大利亚 60 亿吨，占全球储量的 20.0%；越南 37 亿吨，占全球储量的 12.4%；巴西 26 亿吨和牙买加 20 亿吨，分别占全球储量的 8.7% 和 6.7%。前 5 个国家储量合计约占全球铝土矿总储量的 72.5%[6-8]。

表 1-1　2011 ~ 2018 年全球各国铝土矿储量情况　　　　（亿吨）

国家或地区	2011 年	2012 年	2013 年	2014 年	2015 年	2016 年	2017 年	2018 年
几内亚	74.0	74.0	74.0	74.0	74.0	74.0	74.0	74.0
澳大利亚	62.0	60.0	60.0	65.0	62.0	62.0	60.0	60.0
越南	21.0	21.0	21.0	21.0	21.0	21.0	37.0	37.0
巴西	36.0	26.0	26.0	26.0	26.0	26.0	26.0	26.0
牙买加	20.0	20.0	20.0	20.0	20.0	20.0	20.0	20.0
中国	8.3	8.3	8.3	8.3	8.3	9.8	10.0	10.0
印度尼西亚	—	10.0	10.0	10.0	10.0	10.0	10.0	12.0
圭亚那	8.5	8.5	8.5	8.5	8.5	8.5	8.5	—
印度	9.0	9.0	5.4	5.4	5.9	5.9	8.3	6.6
俄罗斯	2.0	2.0	2.0	2.0	2.0	2.0	5.0	5.0
希腊	6.0	6.0	6.0	6.0	2.5	1.3	2.5	
哈萨克斯坦	1.6	1.6	1.6	1.6	1.6	1.6	1.6	
美国	0.2	0.2	0.2	0.2	0.2	0.2	0.2	0.2
苏里南	5.8	5.8	5.8	5.8	5.8	5.8	—	—
委内瑞拉	3.2	3.2	3.2	3.2	3.2	—	—	—
其他国家	33.0	21.0	24.0	24.0	24.0	27.0	32.0	52.0
世界	290.0	280.0	280.0	280.0	280.0	280.0	300.0	300.0

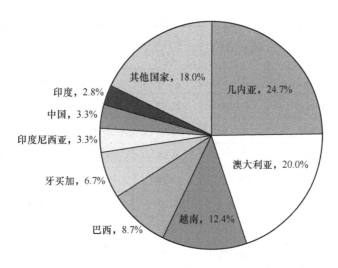

图 1-5　2018 年全球主要国家铝土矿储量占比

（数据来源：USGS，2018）

　　据 SNL 统计数据，全球铝土矿储量在 1 亿吨以上的大型矿山有 23 座，矿床类型均为形成于新生代的红土型铝土矿矿床，产于赤道附近的新生代红土风化壳中。其中几内亚、澳大利亚最多，分别有 7 座、5 座，其他则零散分布在巴西、越南、沙特阿拉伯、哈萨克斯坦、印度、苏里南等国（表 1-2）。另外，虽然几内亚大型铝土矿矿山数量较多，但这其中在产的仅 Sangaredi 一座，产量排第 5。澳大利亚在产的矿山有 Weipa、Boddington、Gove、Darling Range 等，不仅储量大而且产量多，产量均在世界排前几名，这几座大型矿山决定了澳大利亚铝土矿产量世界第一的地位[9,10]。

表 1-2　全球铝土矿矿山储量排名（2016 年）

排名	矿山项目	国家或地区	矿石量/亿吨	品位/%	产量/亿吨	是否在产（产量排名）
1	Sangaredi	几内亚	61.96	47.3	29.29	是（5）
2	Weipa	澳大利亚	31.45	52.0	16.37	是（2）
3	Santou Houda	几内亚	32.00	39.0	12.48	否
4	Labe	几内亚	25.00	43.0	10.75	否

排名	矿山项目	国家或地区	矿石量/亿吨	品位/%	产量/亿吨	是否在产（产量排名）
5	Boffa Nord	几内亚	25.00	39.0	9.75	否
6	Koumbia	几内亚	21.75	43.4	9.44	否
7	Boffa Sud	几内亚	23.00	39.0	8.97	否
8	Rondon	巴西	9.84	43.7	4.30	否
9	Boddington	澳大利亚	10.80	29.0	3.14	是（3）
10	MRN	巴西	5.29	49.5	2.62	是（4）
11	Ducie-Wenlock	澳大利亚	4.53	51.8	2.35	否
12	Karabaitalsk	哈萨克斯坦	4.88	42.3	2.07	否
13	Sangaredi	几内亚	5.27	37.7	1.98	否
14	Mitchell Plateau	澳大利亚	4.48	43.5	1.95	否
15	Gia Nghia	越南	3.34	45.0	1.50	否
16	Paragominas	巴西	2.89	48.7	1.41	是（6）
17	Panchpatmali	印度	3.10	45.0	1.40	是（8）
18	Al Ba'itha	沙特阿拉伯	2.50	49.9	1.25	是（13）
19	Darling Range	澳大利亚	3.09	39.8	1.23	否
20	Az Zabirah	沙特阿拉伯	2.29	52.0	1.19	否
21	Bakhuis	苏里南	3.07	38.0	1.17	否
22	Gandhamardan	印度	2.30	45.8	1.05	否
23	PT Borneo Edo Intternational	印度尼西亚	2.36	44.5	1.05	否
24	Gove	澳大利亚	1.91	49.3	0.94	是（7）

1.1.2 中国铝土矿资源储量及潜力分布

我国铝土矿资源比较丰富，据自然资源部统计资料，截至2017年底，中国铝土矿已确定的资源储量为50.89亿吨。其中，山西15.2亿吨，河南11.23亿吨，广西10.26亿吨，贵州10.24亿吨，这4省铝土矿资源储量之和约占全国总储量的九成以上（表1-3）。但是，我国铝土矿资源超

过八成属于古风化壳沉积型铝土矿。该种类矿石铝硅比一般不高于7，其
中铝矿物主要以一水硬铝石为主；并且从其形成过程可知，这类矿石常与
其他多种矿物形成共生或者伴生矿产，尤其会伴生有大量稀有金属，这就
使得我国铝土矿资源的整体品质在世界范围内属于中等偏下。相比于出产
铝硅比高杂质少的红土型铝土矿国家来讲，我国铝土矿资源具有高硅、高
铝、低铝硅比（A/S）、杂质多、成分杂等特点。因此我国在应用本土铝
土矿资源生产氧化铝时工艺流程复杂、能量消耗大。我国铝土矿质量差、
难处理，远不能满足国内市场需求，需大量依赖进口。我国从 1982 年开
始进口铝土矿，到 2016 年，我国年进口铝土矿超过 5000 万吨，对外依存
度达到38%。澳大利亚、几内亚、马来西亚、印度、印度尼西亚和巴西等
国家是我国铝土矿的主要进口国[11-13]。

表1-3 2017 年底全国查明铝土矿资源储量   （亿吨）

地区	矿区数	储量	基础储量	资源量	查明资源储量
山西	131	—	1.38	13.83	15.20
山东	14	0.01	0.02	0.44	0.46
河南	142	0.24	1.45	9.79	11.23
广西	49	3.32	4.92	5.34	10.26
重庆	16	—	0.64	0.62	1.26
贵州	132	0.87	1.40	8.84	10.24
云南	31	0.03	0.13	0.89	1.07
全国	571	4.49	10.07	40.81	50.89

1.1.3 铝土矿主要成矿类型及成矿带

铝土矿按下伏基岩性质可以分为三种矿床类型：红土型、岩溶型和沉
积型。表 1-4 列出了世界铝土矿矿床赋存特点，表 1-5 列出了国外部分典
型铝土矿矿山资源概况。

表1-4 世界铝土矿矿床赋存特点

成矿类型	全球Ⅰ级成矿区带	主要矿石类型	其他重要矿床特征
红土型	L1 南美地台成矿省； L2 巴西东南部成矿省； L3 西非成矿省； L4 东南非成矿省； L5 印度成矿省； L6 东南亚成矿省； L7 西澳及北澳成矿省； L8 东南澳成矿省	三水铝石型和三水铝石/一水软铝石混合型铝土矿为主	（1）分布于南、北纬30°线间的区域（热带亚热带地区）； （2）占世界总储量的86%左右，其成矿产量占世界铝土矿产量的65%； （3）高铁、中铝、低硅、高铝硅比为特征，易采易溶，适宜采用流程简单、能耗低的拜耳法生产氧化铝； （4）产于新生代，多为近代地表红土风化壳矿床
岩溶型	Y1 地中海成矿带； Y2 乌拉尔-西伯利亚-中亚成矿带； Y3 伊朗-喜马拉雅成矿带； Y4 东亚成矿带（中国）； Y5 加勒比海成矿带； Y6 北美洲成矿带（美国）； Y7 太平洋西南成矿带（所罗门、洛亚尔提、汤加和斐济等群岛）	一水硬铝石为主	（1）分布于北纬30°~60°间及附近的温带地区，主要分布于南欧和加勒比海地区； （2）中国大部分矿床属于此类型； （3）高铝、高硅、低铁、中等铝硅比为特征，使用高成本的烧结法工艺生产氧化铝； （4）在晚古生代、中生代和新生代均有产出，且地表浅部矿约占此类矿床储量的40%，多半矿体处于隐伏状态
沉积型	T1 东欧成矿省； T2 中朝成矿省； T3 北美成矿省	一水硬铝石型和一水硬铝石/一水软铝石混合型铝土矿	（1）常见于俄罗斯地台、乌拉尔山脉，中国、美国也有分布； （2）一般规模较小，工业意义较次要，其储量仅占世界总储量的1%左右； （3）绝大多数为古生代隐伏矿床

表1-5 国外部分典型铝土矿矿山资源概况（2016年）

矿山	国家或地区	所属公司	储量/Mt	矿石性质	产能/万吨·年$^{-1}$	其他
Weipa	澳大利亚	Rio TintoAlcan	1485	三水铝石55%，一水软铝石14%	2600	露采，矿体平均厚度2.1m
Gove	澳大利亚	Rio TintoAlcan	146	三水铝石，一水软铝石2%	820	露采，矿体平均厚度3.7m
Sangaredi	几内亚	CBG，Rio TintoAlcan	278	三水铝石，一水软铝石	1400	露采，矿体平均厚度25m
Daring RangeMines	澳大利亚	Alcoa	164.4	三水铝石，一水软铝石	3140	露采
Juruti	巴西	Alcoa	46.3	三水铝石，一水软铝石	390	露采

矿山	国家或地区	所属公司	储量/Mt	矿石性质	产能/万吨·年$^{-1}$	其他
Boke	几内亚	Alcoa, CBG	68.5	三水铝石，一水软铝石	340	露采
Al Baitha	沙特	Alcoa Maaden Company	55.2	三水铝石，一水软铝石	400	露采
Boddington	澳大利亚	South32	400	三水铝石	1600	露采
Paragomi	巴西	Hydro	881.4	三水铝石	990	露采
Panchpat mali	印度	NALCO	314	三水铝石	680	露采
Bel Air	几内亚	Alufer Mining Limited	146	三水铝石	预计 1030	露采
Koumbia	几内亚	Alliance Mining	305	三水铝石	预计 1000	露采
Inverelln. NSW	澳大利亚	Australian Bauxite Limited	38	三水铝石，一水软铝石	不详	露采
Bonasika	圭亚那		11.1	三水铝石，一水软铝石	21	露采，矿体厚度 2~11m，烧失率 29.1% 耐火级

1.1.3.1 红土型铝土矿床

红土型铝土矿床是下伏基岩经过红土风化作用形成的残积矿床，矿石主要类型以三水铝石和一水软铝石混合型铝土矿为主，产于新生代，多为近地表红土风化壳矿床，多分布于热带亚热带地区。红土型铝土矿床在世界上分布最广，占世界 86% 左右。世界第一大铝土矿储量国几内亚几乎都是红土型铝土矿床，且此类矿床高铁、中铝、低硅，开采较简单，工业价值极高。

我国红土型铝土矿床主要分布在海南、福建和广东等地区。典型矿床类型为海南省蓬莱铝土矿，成矿时代为第四纪，岩石类型为第四纪风化壳红土，岩石多为隐晶质结构，致密状、气孔状构造。矿物主要为三水铝石、高岭石、针铁矿、褐铁矿等矿物。

1.1.3.2 岩溶型铝土矿床

岩溶型铝土矿床是经过古风化壳剥蚀，长期搬运，覆盖在灰岩或者是白云岩等碳酸盐岩凹凸不平岩溶面上的铝土矿床。矿石主要类型为一水硬铝石，高铝、高硅、低铁，产于晚古生代、中生代和新生代，多分布于温带地区，南欧和加勒比海地区多有产出。

根据成矿物质搬运距离岩溶型铝土矿可以分为远源型和近源型。典型矿床类型为广西平果式堆积型铝土矿，成矿时代为第四纪更新世，岩石类型为上二叠统合山组铝土质岩、第四系更新统红土，豆状结构，鲕状结构，块状构造、层状构造。主要含铝矿物为一水硬铝石。

1.1.3.3 沉积型铝土矿床

沉积型铝土矿床是覆盖在铝硅酸盐岩剥蚀面上的碎屑沉积铝土矿床。矿石主要类型为一水硬铝石，多分布于温带地区，绝大多数为大中型地表矿，极少量为隐伏矿床。典型的沉积型铝土矿床产于俄罗斯齐赫文市附近，故由此也称作齐赫文型矿床。

1.1.4 铝土矿资源利用现状

目前全球铝土矿的工业用途可分为两方面，首先是铝土矿最主要的用途，作为原铝的生产基础原料，用于国防、航空、汽车、电器、化工、日常生活用品等领域，据统计在金属用途方面铝矿石的消耗占铝土矿总消耗的90%[14]。

铝土矿的非金属用途主要是作耐火材料、研磨材料、化学制品及高铝水泥的原料。铝土矿在非金属方面的用量所占比重虽小，但用途却十分广泛。例如：化学制品方面硫酸盐、三水合物及氯化铝等产品可应用于造纸、净化水、陶瓷及石油精炼方面；活性氧化铝在化学、炼油、制药工业上可作催化剂、触媒载体及脱色、脱水、脱气、脱酸、干燥等物理吸附剂；氯化铝可供染料、橡胶、医药、石油等有机合成应用；玻璃组成中有 3%~5% Al_2O_3 可提高熔点、黏度、强度；研磨材料是高级砂轮、抛光粉的主要原料；耐火材料是工业部门不可缺少的筑炉材料[15]。

历经100多年的发展，国际铝工业市场已形成了较为稳定的格局；纵观全球铝工业经济格局，我国铝工业入场时间短，发展期时间长，但目前已进入稳步前进阶段。近年来随着我国经济贸易的飞速发展，我国氧化铝产量不断增加。图1-6和图1-7所示为2019年世界各国家或地区原铝和氧化铝产量及其所占比例。由图可知，2019年我国原铝产量和氧化铝产量均超过世界产量的一半，其中原铝产量约占世界产量的56.71%，氧化铝产量约占世界产量的54.85%。除中国外，世界氧化铝生产集中在大洋洲（主要是澳大利亚、新西兰等国家）、南美洲（巴西等国家）、北美洲（美国、牙买加等国家）、非洲（几内亚等国家）和亚洲其他国家[16]。

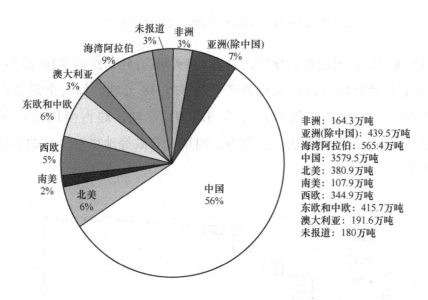

非洲：164.3万吨
亚洲(除中国)：439.5万吨
海湾阿拉伯：565.4万吨
中国：3579.5万吨
北美：380.9万吨
南美：107.9万吨
西欧：344.9万吨
东欧和中欧：415.7万吨
澳大利亚：191.6万吨
未报道：180万吨

图1-6　2019年世界各国家或地区原铝产量及分布

根据国家统计局统计数据，2018年全国各省份氧化铝产量如图1-8所示。我国氧化铝工业相对集中，主要集中在山东、山西、河南、广西、贵州等省份。2018年，这5个省份的氧化铝总产量在全国总产量的占比超过96%。其中，山东省氧化铝产量最高，超过2200万吨，约占全国总产量的32.2%；山西省氧化铝产量为1989.71万吨，约占全国总

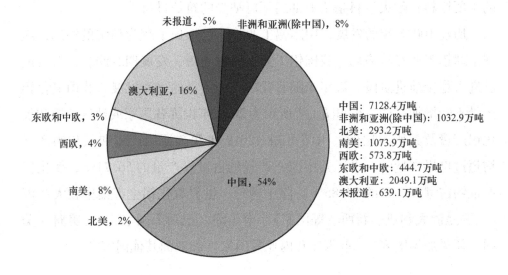

图 1-7　2019 年世界各国家或地区氧化铝产量及分布

产量的 28.9%；河南省氧化铝产量为 1159.66 万吨，约占全国总产量的 16.8%；广西壮族自治区氧化铝产量为 835.48 万吨，约占全国总产量的 12.1%；贵州省氧化铝产量为 421.91 万吨，约占全国总产量的 6.1%。另外，云南、重庆、内蒙古、四川、安徽等地也有少量的氧化铝工业[17]。

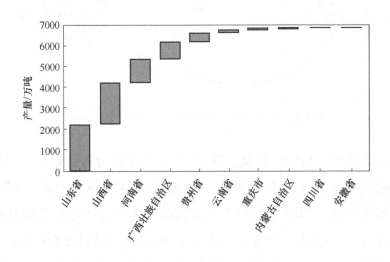

图 1-8　2018 年中国各省、市、自治区氧化铝产量

1.1.5 氧化铝生产工艺

从矿石提取氧化铝有多种方法，例如拜耳法、碱石灰烧结法、拜耳—烧结联合法等[18,19]。拜耳法是生产氧化铝的主要方法，约占全世界氧化铝总产量的95%左右。20世纪70年代以来，对酸法的研究已有较大进展，但尚未在工业上应用。

1.1.5.1 烧结法

烧结法生产氧化铝工艺历史悠久，最早由法国人比路易·勒·萨特里于1858年提出（纯碱＋矿石两成分烧结法），后又经过三成分（纯碱＋矿石＋石灰）烧结法等阶段的发展，烧结法工艺逐渐成熟、日臻完善，是处理低铝硅比铝土矿石的有效方法。简单来讲，烧结法是将铝土矿与石灰和纯碱充分混合后在高温下烧结，使矿石中含铝矿物和含铁矿物分别与纯碱反应生成铝酸钠和铁酸钠，含硅组分和含钛矿物分别与石灰反应生成原硅酸钙和钛酸钙。烧结熟料利用稀碱溶液溶出，铝酸钠因其较好的可溶性进入溶液；铁酸钠则水解释放出氢氧化钠进入溶液，生成的水合氧化铁进入赤泥，原硅酸钙和钛酸钙因不与碱溶液反应也进入赤泥，从而实现铝和硅的分离。含铝酸钠的碱溶液通过进一步净化精制，通入二氧化碳，进行碳酸化分解，使铝酸钠分解为氢氧化铝从溶液中结晶析出，后进一步经煅烧成为氧化铝产品；氢氧化钠转变为碳酸钠母液经浓缩后返回生料配制系统。但是，烧结法由于流程长、能耗高，产品市场竞争力差，目前已逐渐被淘汰。

1.1.5.2 拜耳法

目前世界上生产氧化铝的主要工艺为拜耳法，约95%的氧化铝都由此方法生产，该法因最早由奥地利人卡尔·约瑟夫·拜耳于1887年发明而得名。拜耳法生产工艺如图1-9所示。简单来说，铝土矿开采出来后经过粉碎和研磨，加入到高浓度的氢氧化钠溶液中，在高温高压下，铝土矿中的氧化铝会与氢氧化钠反应生成水溶性的铝酸钠，而其他成分则不能与碱反应，仍然以固体形式存在，经过滤，可以把氧化铝与铝土矿中的其他物质分离开来。随着含有铝酸钠的碱溶液冷却，铝酸钠的溶解度不断减小，通过调整铝土矿和氢氧化钠的比例，可以使得高温时铝酸钠在碱溶液中近乎饱和，向溶液中加入少量氢氧化铝作为"晶种"，并不断搅拌、降温，铝酸钠即分解，大量的氢氧化铝从溶液中沉淀出来，得到氢氧化铝晶体和含有大量氢氧化钠的溶液（种分母液）。氢氧化铝后经高温煅烧得到氧化铝，种分母液则经浓缩后返回铝土矿溶出流程，循环使用。

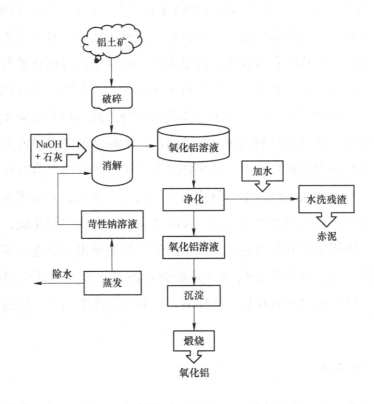

图 1-9　拜耳法生产氧化铝工艺流程

在拜耳法过程中，不能被碱溶解的 SiO_2、Fe_2O_3、TiO_2 等化合物对铝的生产毫无帮助，因此必须从溶液中分离出来。过滤过程中，一些氢氧化钠溶液也跟随固体被分离出来，因此最终得到的废弃物通常是暗红或者砖红色的像泥浆一样的流体。这些废弃物之所以呈现红色，是因为其中主要成分是暗红色的 Fe_2O_3，因此，人们给这种废弃物起了一个非常形象的名字"赤泥"。拜耳法流程相对简单、能耗低、产品纯度高，但只适用于处理铝硅比较高的铝土矿石。

1.1.5.3 联合法

联合法，即烧结法和拜耳法的结合。两种方法各有优缺点，分别适用于不同类型的铝土矿石。根据矿石具体性质，将两种方法结合起来，有时会对资源利用率及生产成本有积极作用，达到利益最大化。具体根据工艺流程连接方式的不同，联合法又可分为串联法、并联法和混联法。但无论哪种连接方式，联合法都是以拜耳法为主，烧结法辅之。

串联法，即用烧结法处理拜耳法赤泥，进一步回收氧化铝和氧化钠，提高其回收率。并联法是分别以烧结法和拜耳法两个平行系统分别处理不同质量的矿石，之后将两种方法得到的铝酸钠溶液混合处理，利用烧结法流程转化的氢氧化钠补充拜耳法工艺中的碱消耗，使效益最大化。混联法指将高铝硅比的铝土矿石采用拜耳法工艺处理，然后将获得的拜耳法赤泥混合一定量的低铝硅比的铝土矿石采用烧结法进一步回收氧化铝，混联法既包含两种方法完整的工艺系统，又使两种工艺相互结合，因此流程复杂、控制困难、生产成本较高。

1.1.6 赤泥的产生及分类

根据氧化铝生产工艺的不同，赤泥主要分为烧结法赤泥、拜耳法赤泥和联合法赤泥三种类型（表1-6）。因各企业矿石来源和品位、生产方法、技术水平不同，赤泥的产出量也有所不同。根据统计，每生产1t的氧化铝，就会随之产生 1.0~2.0t 的赤泥。这个重量还仅仅是其固体粉末的干重，如果算上赤泥分离过程中夹带出来的碱溶液，实际的重量要远远高于这个数字[20]。

表1-6 赤泥的产生方式及产量

分 类	产 生 方 式	产 量
拜耳法赤泥	采用氢氧化钠溶出铝土矿，越过高温烧结环节，直接经溶解、分离、结晶等工序得到氧化铝，溶解后分离出的浆状废渣即为拜耳法赤泥	1~1.1t/t 氧化铝
烧结法赤泥	首先在原料中掺入一定量的碳酸钠，继而在回转窑内高温烧结，制成熟料，之后经溶解、结晶、煅烧等工序制取氧化铝，溶解后分离出的浆状废渣即为烧结法赤泥	0.7~0.8t/t 氧化铝
联合法赤泥	联合法所用的原料是拜耳法排出的赤泥，然后采用烧结法再制取氧化铝，最后烧结排出的赤泥即为联合法赤泥	

据统计，截止到2015年，全球的赤泥储量接近40亿吨，并且其储量以年产约1.5亿吨的速度增长。在我国，赤泥每年的产量约为8800万吨，总储量超过6亿吨。表1-7为2016年中国不同省份赤泥产量，表1-8为世界不同国家赤泥年产量。随着铝行业不断增大的需求以及铝土矿矿产品质的逐渐降低，这些数字也在惊人地增长着。目前我国赤泥综合利用率不足4%。随着我国氧化铝产量的逐年增长和铝土矿品位的逐渐降低，赤泥的年产生量还将不断增加。赤泥大量堆存，既占用土地、浪费资源，又易造成环境污染和安全隐患[21]。

表1-7 2016年中国不同省份赤泥产量

省份	产量/Mt	占比/%
山东	18.50	24.5
山西	14.14	18.7
河南	12.13	16.1
广西	9.06	12
贵州	4.50	6

资料来源：中国国家统计局（2017年）。

表 1-8　世界不同国家赤泥年产量

国家	产量/Mt
中国	88
澳大利亚	30
巴西	10.6
印度	10
希腊	0.7

1.2　"刺儿头"赤泥

赤泥作为氧化铝工业产生的一种最为主要的副产物，其粒度细、组成复杂，主要含有铝、钠、铁、硅、钛等元素，但其相对含量因氧化铝工业原料的差别而有较大差别，其赋存状态也有所不同。赤泥的颜色呈赤红至灰白，就是由其氧化铁含量的多寡决定的。赤泥平均比重为 $3 \sim 3.3$，比表面积在 $15 \sim 58 m^2/g$ 之间。容重（堆积密度）是评价赤泥堆场复垦潜力更为重要的指标，随基质物理条件变化，并受基质质地、有机质含量和总孔隙度的影响。若基质容重超过 $1.5 g/cm^3$ 则会阻碍根的渗透，从而阻碍植被的建立，而植物在容重大于 $1.6 g/cm^3$ 的基质上无法健康成活。而赤泥的平均容重为 $(2.5 \pm 0.7) g/cm^3$，显然未加处理的赤泥无法满足植物生长的需要。赤泥的导水率极低，有报道仅为 $0.002 cm/min$。这是由于微细的赤泥颗粒可以互相固结在一起，使赤泥中的大孔数量极少，从而导致赤泥导水性能差。这会造成赤泥堆场排水不畅，容易形成内涝。渗透率和导水率低，保水能力高，使得极少数植物能够在赤泥中生存[22-24]。

高碱度是赤泥的一大属性。赤泥的 pH 值一般为 $10 \sim 13$。赤泥中碱性物质可分为可溶化学碱和难溶结构碱。赤泥浆经逆流倾析洗涤后仍夹带可溶性化学碱。残余碱主要以 $NaOH$、Na_2CO_3、$NaAl(OH)_4$、Na_2SiO_3 等形式存在，主要在溶出过程中产生或添加。可溶的化学碱易溶解形成碱性阴离子，导致赤泥的 pH 值较高。在赤泥中，约 $20\% \sim 25\%$ 的碱以可溶化学碱的形式存在，而其余的碱则是难溶的结构碱。这些典型的碱性矿物主要由方钠石、碳酸钙、水石榴石、方解石、铝酸三钙等组成，它们是氧化铝生产过程中典型的脱硅产物。它们的溶解反应导致赤泥呈碱性，并形成pH值缓冲区，范围为9.2～12.8，平均值为11.3±1.0。因此，赤泥的pH值在这些固体完全溶解之前不会发生显著变化。这也是中和后赤泥pH值反弹的原因。赤泥中高含量的碱性物质也导致赤泥具有较强的酸中和能力（acid neutralization capacity，ANC）[25]。

赤泥另一重要属性是其盐度高，即离子浓度较高。电导率（electrical conductivity，EC）与溶液中的阳离子和阴离子浓度有关，因此在缺乏详细溶液数据的情况下，是一个表征赤泥离子浓度的可行参数。在赤泥中，钠离子浓度高是电导率值高的主要原因，其中可交换钠比例含量可达53%～91%。钙、镁和其他阳离子对电导率值的贡献不大，因为它们在pH值高于10的溶液中的浓度可以忽略不计。溶液中的相关阴离子主要是OH^-、CO_3^{2-}和SO_4^{2-}。赤泥的电导率值平均为（7.4±6.0）mS/cm，范围为1.4～28.4mS/cm[26]。

1.2.1 赤泥的元素组成

在我国，赤泥被归为第二类一般工业固体废物。赤泥是一种固溶混合物，初始固体含量按重量计为20%～80%（取决于冶炼厂的处理方法）。全世界赤泥的主要元素组成大体相似，但其百分比分布因产区的不同而不同，具体取决于原铝土矿和提取工艺。元素丰度的大致顺序为Fe＞Si≈Ti＞Al＞Ca＞Na。除此之外，赤泥还可能含有Ga、V、Zr等元素，Sc、Y、镧系等稀土元素，甚至U、Th等放射性元素[27]。

由于铝土矿自身的成分和氧化铝生产工艺的差异，赤泥的化学成分和矿物组成也不相同。目前，国内外氧化铝的生产方法主要有拜耳法、烧结法和联合法。不同赤泥的化学成分和矿物组成如表1-9所示。赤泥中的多种有价金属，包括铁、铝、钛、钒及钪等稀土元素，可作为潜在资源加以回收利用，对赤泥的综合利用具有重要意义[28]。

表1-9 不同氧化铝生产工艺产生的赤泥的化学成分 （%）

成分	拜耳法		烧结法			联合法	
	广西	山西	山东	贵州	山西	河南	山西
SiO_2	11.93	19.01	22.00	25.90	21.43	20.50	20.63
TiO_2	5.45	—	3.20	4.40	2.90	7.30	2.89
Al_2O_3	17.47	24.15	6.40	8.50	8.22	7.00	9.20
Fe_2O_3	32.47	16.97	9.02	5.00	8.12	8.10	8.10
CaO	14.13	12.96	41.90	38.40	46.80	44.10	45.63
Na_2O	4.00	8.44	2.80	3.10	2.60	2.93	3.15
K_2O	1.00	0.53	0.30	0.20	0.20	0.38	0.20
MgO	—	0.64	1.70	1.50	2.03	1.77	2.05
灼减	9.46	11.35	11.70	11.10	8.00	8.30	8.06
合计	95.91	94.05	99.02	98.10	100.3	100.2	99.91

1.2.2 赤泥的物相组成

赤泥中的晶相物质与非晶相物质的比例约为7:3。从矿物学上看，赤泥中存在极其复杂的物相组成，主要物相的典型含量范围见表1-10。赤铁矿存在于几乎所有赤泥中，其含量范围约为10%～30%。赤泥中针铁矿的含量差别较大，其他常见矿物有一水软铝石、三水铝石、锐钛矿、金红石、方钠石、钙霞石、铝酸三钙、钙钛矿、方解石和石英等。这些矿物一部分来自原始铝土矿的残留，另一部分则是在氧化铝生产过程中矿化形成的。方钠石是铝土矿预脱硅过程中最常见的产物，而在铝土矿溶出过程中，在高温条件下钙的存在会导致钙霞石的形成，其含量甚至可以达到50%。钙钛矿、方解石（或霞石）、铝酸三钙和水合铝硅酸盐是拜耳法过程中添加了石灰或熟石灰的缘故。赤铁矿、金红石等由于在溶出过程中不参与反应进入赤泥，而赤泥中的高岭石则是由于预脱硅和溶解过程中的反应不完全造成的。此外，赤泥中可能含有多种有机化合物，如多羟基酸、醇和酚、腐殖酸和黄腐酸、碳水化合物、琥珀酸钠/乙酸钠/草酸钠。

表1-10　不同类型赤泥的主要矿相组成　　　　（%）

国内拜耳法产生的赤泥		国外拜耳法产生的赤泥		烧结法产生的赤泥	
矿相	含量	矿相	含量	矿相	含量
一水硬铝石	2.0	赤铁矿	35.0	原硅酸钙	25.0
水化石榴石	46.0	钙霞石	30.0	水合硅酸钙	15.0
钙霞石	12.0	针铁矿	5.0	水化石榴石	9.0
赤铁矿	18.0	钙钛矿	6.0	方解石	26.0
钙钛矿	14.0	方解石	3.0	含水氧化铁	7.0
伊利石	1.8	水化石榴石	10.0	霞石	7.0
其他	6.2	其他	11.0	其他	11.0

1.2.3　赤泥的元素分配

赤泥样品矿物组成复杂，各有价元素并非只存在于某单一物相内。

以山东某地赤泥为例，表1-11是利用矿物解离分析仪对赤泥样品进行元素分配分析的结果。从表1-11可以看出，黏土矿物中赋存了大量的有价成分。其中包括近40%的铁、超40%的钛、50%左右的铝和70%左右的钠。黏土矿物结晶度差、粒度极细、胶结包裹现象严重，这都给赤泥中有价组分的回收增加了难度。此外，赤泥样品中51%左右的铁赋存于赤褐铁矿中，但赤褐铁矿中还含有赤泥中13.19%的钛、16.62%的铝、23.73%的钠、12.42%的硅等。这些本不是赤褐铁矿的组分元素的出现表明赤泥中矿相组成及嵌布关系的复杂。此外，赤泥中铝在铝土矿中的分配率只有25.58%，钠在铝硅酸钠中的分配率只有4.45%，钛在钛铁矿和金红石中的分配率分别为31.14%和13.14%。

表1-11　赤泥样品组成元素在各矿相中的分配情况　　　　（%）

矿物	Fe	Ti	Al	Ca	Mg	Na	Si
赤褐铁矿	51.43	13.19	16.62	4.29	7.62	23.73	12.42
铝土矿	1.57	0.34	25.58	0.31	0.21	0.53	0.71
钛铁矿	4.53	31.14	0	0	0	0	0
金红石	0	13.14	0	0.38	0	0	0
铝硅酸钠	1.15	0.53	4.05	9.26	1.45	4.45	22.17

矿物	Fe	Ti	Al	Ca	Mg	Na	Si
铝硅酸钙	1.62	0.28	1.86	0.57	55.29	0.54	9.03
黏土	39.44	41.38	50.64	62.2	33.39	70.3	35.32
石英	0	0	0	0	0	0	14.62
方解石	0	0	0	18.24	0	0	0
其他矿物	0.3	0	1.25	4.77	2.08	0.45	5.73
合计	100	100	100	100	100	100	100

1.2.4 赤泥的粒度分布

由于原料铝土矿在选矿过程中磨矿细度较细，一般 -0.075mm 达 90% 以上，且铝土矿脉石矿物多为高岭石、伊利石、叶蜡石等黏土类矿物，这些矿物硬度均较低，容易泥化；拜耳法提取氧化铝过程的高温热碱溶液会进一步溶解矿石颗粒，进一步减小其粒度，所以副产物赤泥的粒度一般较细，这也给赤泥的脱水和综合回收利用等带来了困难。

不同赤泥的粒度分布差异较大，砂砾组分的粒径可达 $2000\mu\text{m}$，泥浆组分的粒径多小于 $20\mu\text{m}$。这在很大程度上是由加工工艺、操作参数以及铝土矿矿床性质的差异造成的。但总的来看，赤泥的粒度分布较细，赤泥的粒径在 $100\text{nm} \sim 200\mu\text{m}$ 之间，80% ~90% 为泥，其余为砂，平均粒径为 $2 \sim 100\mu\text{m}$。表 1-12 列出了不同地区赤泥粒度组成。

表 1-12 不同地区赤泥的粒度组成分析

赤泥产地	砂砾（+20 ~2000μm）/%	泥沙（+2 ~20μm）/%	黏土（-2μm）/%
澳大利亚戈夫	13	40	47
澳大利亚克维纳纳	30	30	40
加拿大	0	47	36
牙买加	4 ~9	9 ~19	71 ~80
西班牙	12	50	38
美国得克萨斯州	8	66	26

参 考 文 献

[1] 吕国志. 利用高硫铝土矿生产氧化铝的基础研究 [D]. 沈阳：东北大学，2010.

[2] 王贤伟. 中国铝土矿资源产品需求预测及对策研究 [D]. 北京：中国地质大学（北京），2018.

[3] Institute T I A. Current IAI statistics [CP/OL]. World Aluminium production, 2019. http：//www. world-aluminium. org/statistics/#data.

[4] 叶楠. 拜耳法赤泥活化预处理制备地聚物及形成强度机理研究 [D]. 武汉：华中科技大学，2016.

[5] 彭程，范建峰. 转底炉处理赤泥工艺技术 [J]. 中国冶金，2019，29(3)：53-56.

[6] Evans K. The History, Challenges, and New Developments in the Management and Use of Bauxite Residue [J]. Journal of Sustainable Metallurgy, 2016, 2(4)：316-331.

[7] Zhang J, Liu S, Yao Z, et al. Environmental aspects and pavement properties of red mud waste as the replacement of mineral filler in asphalt mixture [J]. Construction and Building Materials, 2018, 180：605-613.

[8] Xue S, Li M, Jiang J, et al. Phosphogypsum stabilization of bauxite residue：Conversion of its alkaline characteristics [J]. Journal of Environmental Sciences, 2019, 77：1-10.

[9] Rai S, Nimje M T, Chaddha M J, et al. Recovery of iron from bauxite residue using advanced separation techniques [J]. Minerals Engineering, 2019, 134：222-231.

[10] 莫欣达. 全球铝土矿资源分布及贸易状况 [J]. 世界有色金属，2013(10)：68-69.

[11] 刘万超. 拜耳法赤泥高温相转变规律及铁铝钠回收研究 [D]. 武汉：华中科技大学，2010.

[12] Lyu F, Gao J, Sun N, et al. Utilisation of propyl gallate as a novel selective collector for diaspore flotation [J]. Minerals Engineering, 2019, 131：66-72.

[13] 潘昭帅，张照志，张泽南，等. 中国铝土矿进口来源国国别研究 [J]. 中国矿业，2019，28(2)：13-17.

[14] 胡生福. 铝土矿选矿脱硅技术研究现状及前景展望 [J]. 工业 b，2015(49)：89.

[15] 卿仔轩. 我国铝土矿生产、消费现状及产业发展趋势分析 [J]. 中国金属通报，2012(7)：38-39.

[16] 国家统计局. 国家数据 [CP/OL]. 氧化铝产量，2019. http：//data. stats. gov. cn.

[17] 阿拉丁. 2018 年全球十大氧化铝生产商排行 [J]. 铝镁通讯，2019(2)：9.

[18] Liu W, Yang J, Xiao B. Review on treatment and utilization of bauxite residues in China [J].

International Journal of Mineral Processing, 2009, 93(3-4): 220-231.

[19] 侯炳毅. 氧化铝生产方法简介 [J]. 金属世界, 2004(1): 12-15.

[20] Jones B E H, Haynes R J, Phillips I R. Influence of amendments on acidification and leaching of Na from bauxite processing sand [J]. Ecological Engineering, 2015, 84: 435-442.

[21] Khairul M A, Zanganeh J, Moghtaderi B. The composition, recycling and utilisation of Bayer red mud [J]. Resources, Conservation and Recycling, 2019, 141: 483-498.

[22] Nguyen Q D, Boger D V. Application of rheology to solving tailings disposal problems [J]. International Journal of Mineral Processing, 1998, 54(3): 217-233.

[23] Gräfe M, Klauber C. Bauxite residue issues: IV. Old obstacles and new pathways for in situ residue bioremediation [J]. Hydrometallurgy, 2011, 108(1): 46-59.

[24] Liu W, Yang J, Xiao B. Review on treatment and utilization of bauxite residues in China [J]. International Journal of Mineral Processing, 2009, 93(3-4): 220-231.

[25] Khairul M A, Zanganeh J, Moghtaderi B. The composition, recycling and utilisation of Bayer red mud [J]. Resources, Conservation and Recycling, 2019, 141: 483-498.

[26] Nguyen Q D, Boger D V. Application of rheology to solving tailings disposal problems [J]. International Journal of Mineral Processing, 1998, 54(3): 217-233.

[27] Jones B E H, Haynes R J, Phillips I R. Influence of amendments on acidification and leaching of Na from bauxite processing sand [J]. Ecological Engineering, 2015, 84: 435-442.

[28] 王璐, 郝彦忠, 郝增发. 赤泥中有价金属提取与综合利用进展 [J]. 中国有色金属学报, 2018, 28(8): 1697-1710.

2 赤泥的"今生"

2.1 惹是生非的赤泥

赤泥排放的过程中会携带一定量的碱性附液。表 2-1 为不同类型赤泥携带的典型附液成分。赤泥附液的 pH 值通常在 12～14 之间，其中含有一定浓度的 SO_4^{2-}、Cl^-、Al^{3+} 等物质，这使得赤泥浸出液的碱性、固体溶解量和盐度明显高于一般土壤，长期堆置会对周围环境造成一定影响[1,2]。

表 2-1 不同氧化铝生产工艺产生的典型的赤泥附液成分

项 目	拜耳法赤泥附液	烧结法赤泥附液	联合法赤泥附液
pH 值	12～14	12～14	12～14
悬浮物/mg·L^{-1}	180	50	38～140
化学需氧量/mg·L^{-1}	33	96	—
SO_4^{2-}/mg·L^{-1}	135	600	414～1758
Cl^-/mg·L^{-1}	55	20～260	18～300
SiO_2/mg·L^{-1}	4.5	17	30
Ca^{2+}/mg·L^{-1}	4	0	0
Mg^{2+}/mg·L^{-1}	1	0	0
Al^{3+}/mg·L^{-1}	290	250～530	700
Fe^{2+}、Fe^{3+}/mg·L^{-1}	0.1	0.6～2.0	—
K^+/mg·L^{-1}	—		24
Na^+/mg·L^{-1}	—	1600	1500

如今国内外常用筑坝堆放的方式处理赤泥，筑坝堆放处理不仅占用大

量的土地资源，而且在堆放过程中赤泥中的重金属会渗透进入土壤和地表水中，造成水体污染、土壤盐碱化等问题。除了赤泥有害组分的直接污染外，其脱水后的扬尘也会对大气造成污染[3]；同时，赤泥中的碱性物质会对坝体进行腐蚀，容易引起溃坝危险[1]。

2016年8月8日洛阳市新安县铁门镇香江万基铝业公司赤泥库发生滑坡险情，下游村庄300多位村民连夜转移；2014年9月荥阳市高山镇潘窑村的中铝河南分公司第五赤泥库二号坝发生管涌渗漏，随后造成局部垮塌，赤泥库污水进入村庄农田，造成重大污染，赤泥污水差点流入我们的母亲河。2010年10月4日下午，匈牙利西部维斯普雷姆州发生一起铝厂赤泥泄漏事故，据匈牙利通讯社报道，这家铝厂赤泥尾矿库决堤，约100万立方米赤泥流入附近3个村镇，涌入450多栋房屋中，含有重金属的强碱性赤泥烧伤接触者的皮肤，许多人攀上屋顶等待救援。据报道，这次事故污染了40km²的土地，造成9人死亡，122人重伤，离事故地点最近的一条河流——马卡河中大量的生物也因赤泥污染而死亡。这是与赤泥有关的最著名和记载最充分的灾难之一。将赤泥倾倒海水中的做法同样会对环境产生危害，赤泥中的碱性物质和重金属进入海水中会造成海水的污染，对渔业生产带来不利影响，同时会通过食物链对人的身体健康带来危害。图2-1所示为部分灾难现场图片。

(a)

(b)

(c)

图 2-1　赤泥溃坝事件

（a）河南洛阳新安赤泥库滑坡：褐色泥土湮没部分民房；（b）河南荥阳高山第五赤泥库

二号坝管涌事故；（c）匈牙利西部维斯普雷姆州一铝厂赤泥废水泄漏事故

表 2-2 列举了世界各地与赤泥相关的危害性事件。

表 2-2　赤泥引起的危害性事件

时　间	地点及企业	事　故
2016 年 8 月	洛阳香江万基铝业	尾矿库溃坝
2014 年 9 月	中铝河南分公司	管涌渗漏
2012 年 5 月	中国广西华阴	尾矿库溃坝
2012 年 1 月	爱尔兰俄铝	粉尘污染

时　间	地点及企业	事　故
2011 年 12 月	维珍岛美国铝业	一般污染
2011 年 10 月	委内瑞拉圭亚那公司	尾矿库溃坝
2011 年 6 月	意大利俄铝	尾矿库溃坝
2011 年 5 月	印度吠檀多	重金属污染
2011 年 3 月	乌克兰俄铝	粉尘污染
2010 年 10 月	美国美国铝业	粉尘污染
2010 年 10 月	匈牙利维斯普雷姆州某铝厂	尾矿库溃坝
2010 年 2 月	牙买加俄铝	粉尘污染
2009 年 4 月	巴西海德鲁	尾矿库溃坝
2008 年 8 月	加拿大力拓（Rio Tinto）	尾矿库溃坝
2008 年 2 月	黑山角铝	粉尘污染
2007 年 4 月	加拿大力拓（Rio Tinto）	尾矿库泄露
2006 年 5 月	澳大利亚美国铝业	粉尘污染
2002 年 5 月	澳大利亚美国铝业	尾矿库溃坝

2.2　赤泥的危害

赤泥对环境的危害主要体现在占用土地、土壤及地下水污染、大气污染、放射性危害等方面[4-6]。

2.2.1　占用土地

目前，赤泥难以进行无害化处理或利用，只能作堆存处理。赤泥中含有多种有害物质，若直接将其排放到海底堆存，会造成海洋污染，严重危害海洋的生态平衡[7,8]。因此，世界上绝大部分的赤泥采用陆地堆存方式。我国的赤泥几乎全部是露天堆存，并且绝大部分的堆场坝体也用赤泥构筑，即每个氧化铝厂都有自己专用的赤泥堆场。图 2-2 所示为我国某氧化铝厂的赤泥堆场照片。

据统计，截止到 2015 年底，我国赤泥堆场达到 80 余座，占地 3000 万平方米，绝大部分赤泥堆紧邻居民区（图 2-3）。随着铝土矿行业需求量不断增大，赤泥的产量也在不断增大，不仅造成堆场的占用土地面积增

图 2-2　望不见边际的赤泥坝和正在排放赤泥的管道

长，而且不断排放的赤泥以及不断加高扩容的赤泥库造成堆场溃口的风险也在不断增大。历史上遗留下来的赤泥尾矿大多采用平地筑台、河谷拦坝、凹地填充等方法露天堆存赤泥，但由于没有有效的防护措施和合理的利用办法，雨天产生溃坝的安全隐患已经成为当地政府和人民群众多年来的心头之患。

图 2-3　赤泥坝紧邻居民区

2.2.2　土壤及地下水污染

赤泥附液中的碱含量很高，浸出液的 pH 值范围为 12～14，氟化物的含量范围为 11.5～26.7mg/L。赤泥的 pH 值一般为 10～12，氟化物含量为 4.9～8.6mg/L。露天堆积的赤泥若防渗措施稍有不当，被雨水长期淋滤会造成强碱性淋液及有害物质发生渗透，如果赤泥附液渗入地下，会引起地下水 pH 值升高、水质变硬、氟含量上升，更甚者会导致地下水被砷、铬等重金属元素污染，危害人体健康。随着水体不断流动，造成的水污染会更为严重[9-11]。因赤泥形成的液体污染地下水源可达 700m 深，使该地水源永久碱化、生态系统彻底被破坏，图 2-4 所示为雨后河水被赤泥染成了红褐色。

图 2-4　雨后河水被赤泥染成了红褐色

赤泥附液具有强碱性，渗入地下的黏土层会产生极强的盐碱化作用，改变黏土层的物理结构和化学成分，扰乱植物根系的正常生理活动，使堆存赤泥的土壤难以复垦，所以赤泥堆一般都是寸草不生。由图 2-5 和图 2-6 可以看出，近处绿油油的植被与远处灰蒙蒙的赤泥堆形成了鲜明对比。

图 2-5　近处绿油油的植被与远处灰蒙蒙的赤泥堆形成对比

图2-6　泛起白碱、寸草不生的赤泥库

　　赤泥堆场需要加强赤泥附液的防渗措施，这不仅需要大量的资金投入，而且需要全面的监控管理措施。图2-7所示为正在施工中的赤泥坝防渗工程，工人们正在为巨大的坝体铺上防渗土工膜。即使这样，赤泥的防渗措施稍有不当，赤泥淋滤液便下渗，引起地下水体的水质硬度增加，甚至造成更严重的砷、镉等有害重金属元素污染水体。

图2-7　正在施工中的赤泥坝防渗工程

　　当赤泥中污染元素在水中聚集到一定程度时，水体便具有了毒性。2018年10月19日清晨6时左右，家门口"涨大水"，农田积满了泥红色水。"味道臭得不得了，到处都是赤泥水，鱼都死光了，家里养的鸡也死了。"造成这种现象的便是儒鳌屯附近的信发铝电2号赤泥库泄漏了。2019年2月24日，环保志愿者在信发铝电1号、2号赤泥库下游不同位置（即古柑村周边）分别取了土样，并送往具有检测资质的第三方机构进行检测。检测结果发现，5个土壤样品的pH值都显碱性，镉含量都超标。镉含量最高为7.14mg/kg，超农用地土壤污染风险筛选值（0.8mg/kg）8.9倍。

2.2.3　大气污染

赤泥的颗粒较细，且没有凝胶性，大部分的赤泥粒径在75μm以下，在赤泥堆存的过程中，当堆场处于气候干燥、风大的季节，赤泥粉尘就会在风力的推动下飞扬至堆场周围的土地，从而造成大气和生态污染。

赤泥风蚀扬尘不仅严重影响能见度（图2-8），而且其含有大量的有害元素经过呼吸后，大于2μm的细颗粒沉积在鼻喉区，小于2μm的颗粒沉积在支气管、肺泡区，被血液吸收，送至生物体各个器官，对人类及其他动物的健康造成极大危害[3]。

图2-8　赤泥堆场周围灰蒙蒙的空气

2.2.4　放射性危害

地球上所有岩石和矿物都含有天然放射性材料，区别在于其中辐射性的强弱不同。多数情况下，辐射来自矿物中（铀矿、磷酸盐、煤、铝土矿等）[5]。这些从地下开采的矿物在生产利用时，天然放射性物质集中在副产品中（铀泥、磷石膏、粉煤灰、赤泥等）。

铝土矿均伴生有较多的独居石和锆石，其中富含了一定量放射性核素和微量元素，主要包括 U、Th、^{226}Ra、^{40}K 等[4]。在氧化铝生产过程中，锆石和独居石呈现惰性，在生产氧化铝的过程中，90% 以上的放射性元素都富集在赤泥中，从而导致赤泥的放射性普遍偏高。赤泥所含放射性物质会辐射危害堆放场附近的人和动植物，对周围环境造成放射危害。

放射性是制约赤泥在建筑材料领域大规模利用的重要因素之一，目前针对赤泥放射性防控的研究工作已初步展开。但现有很多赤泥综合利用的方案中，仍存在赤泥掺量不大、放射性水平控制研究不深入，未能消除很多领域对赤泥放射性的误解，导致其推广应用缓慢等问题，因此，有必要对赤泥放射性进行广泛深入的研究。研究铝土矿到赤泥过程中放射性核素的富集机制、放射性核素在赤泥中的赋存状态，从赤泥自身入手降低其放射性；研究水泥对放射性核素的固化作用机理以及固化体的滞留作用，以研制合适的配方增强固化体对放射性的阻断作用，提高赤泥掺量；研究不同屏蔽材料对放射性的吸收特性以及外掺屏蔽材料对材料性能的影响，实现赤泥大规模资源化应用。

2.3　赤泥的处置现状

由于赤泥中的化学碱难以被脱除，且含有氟、少量放射性元素及其他多种杂质等原因，导致储量如此巨大的赤泥难以进行无害化处置或利用。自 100 多年前奥地利人卡尔·约瑟夫·贝尔发明氧化铝分离的方法，世界上各国专家对赤泥综合利用的科学研究一直都在进行着，但进展却不大[7,12,13]。赤泥的处理和综合利用成为一个世界性的难题。

截至目前,全球的赤泥综合利用率仅为15%,中国的赤泥综合利用率更低,仅为4%。为什么赤泥的综合利用率会如此之低呢?这是由于铝土矿质量及其加工工艺的不同,导致赤泥的物相组成复杂、碱度高、粒度细,因此综合利用困难[1]。目前世界上仍没有大规模利用赤泥的先例,那么高产量低利用的赤泥究竟去哪儿了呢?

当前,由于赤泥没有成熟的综合利用技术,无法进行大规模资源化再利用,赤泥的处置方法尚以堆存为主。赤泥的堆存方法又有哪些呢?它们的发展历史是怎么样的?根据赤泥浆含水率的不同,传统的赤泥处置方法大致可以分为四种,即海洋填埋、湿法堆存、半干法堆存和干法堆存,且有从湿法堆存向干法堆存转变的趋势[7]。由于全球临海的氧化铝厂只占极少数,筑坝堆存法是绝大多数氧化铝厂处理赤泥的方法,我国氧化铝行业产生的赤泥几乎全部露天堆存,并且绝大部分的堆场坝体也用赤泥构筑[8]。筑坝堆存法易使赤泥附液(含有大量废碱)渗透至堆场周围的土壤,造成土壤盐碱化,严重污染地表水源。随着人们环保意识不断增强,赤泥堆放给环境带来危害的问题越来越受到重视。赤泥堆放不仅占用大量的土地,消耗大量的堆场建设和维护费用,而且由于赤泥附液向下渗透和赤泥粉尘的飞扬造成了地下水、土壤污染和大气的污染。

2.3.1 海洋填埋

海洋填埋是通过赤泥碱性调控使赤泥达到填埋要求后,经由管路运输,从海岸(图2-9)或经由软管、可伸缩管从专用船排入海中。靠海的氧化铝厂以往采取向海底排放赤泥的方式,如法国、美国、日本、澳大利亚等国家的氧化铝厂都采用过此种方法。为避免海浪使赤泥散布开,一般选取深的和界限分明的海底沟渠或峡谷进行赤泥海洋填埋[14,15]。海洋填埋虽不需要占用土地,但其只适用于具有丰富海岸线资源的国家。同时,赤泥的分散和胶体化合物的形成会引起海水浑浊度的升高,且赤泥中的有害金属易释放会影响海洋生态平衡[8]。

图 2-9　赤泥的海洋填埋现场

2.3.2　堆存

陆地堆存一直是处理大量赤泥的主要方法，陆地堆存有两种方式，即湿法堆存和干法堆存。我国的氧化铝企业一般都有自己专用的堆放场，堆场形式包括沟谷型（如中国铝业河南分公司赤泥堆场和中州分公司烧结法赤泥堆场）、平地高台型（如山西分公司湿法赤泥堆场及广西分公司干法赤泥堆场）和人工凹地型（如利用石灰石采坑作堆场的山东分公司第二赤泥堆场）。

直接湿法堆存是一种传统的方法，其成本低，不需要额外的浓缩或过滤，直接将液固比为 3~4 的赤泥浆（赤泥浆含水率一般高于 70%）用高压隔膜泵或管道输送到赤泥堆场（库），浆体中的赤泥颗粒依靠重力自然沉降，分离出的附液经澄清后返回氧化铝厂。湿法虽然设备投资低、输送方便，但其筑坝难度大、坝体稳定性差、有效库容较小，且由于赤泥浆含有大量的腐蚀性液体，必须做好防渗工程，否则容易泄漏，造成环境风险。20 世纪 90 年代以前，各氧化铝厂的赤泥以湿法堆存为主；90 年代以后，逐渐从湿法堆存向浆体干法堆存转变。

滤饼干法堆存是一种目前广泛采用的赤泥堆存工艺。赤泥浆多次洗涤后经沉降槽分离，使赤泥浆固体含量在30%～40%，经进一步脱水将固体含量提高到65%左右，用卡车送入堆场进行堆存（图2-10）。由于烧碱液回收率高、储存面积小、运行成本低，干法堆存在中小型氧化铝厂得到推广应用。但是，干堆表面的细小赤泥颗粒物可能会随风重新进入大气中，造成空气污染[16-18]。与湿法堆存相比，干式堆存的筑坝难度小、坝体稳定性高、有效库容大，但需要投入昂贵的过滤浓缩设备，输送较为困难，且需要较长时间晾晒。

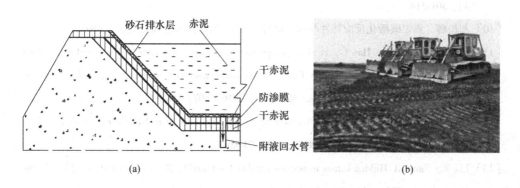

图2-10 赤泥干法堆存现场布置图（a）及平果铝干法赤泥堆场（b）

参 考 文 献

[1] Wang L, Sun N, Tang H, et al. A review on comprehensive utilization of red mud and prospect analysis [J]. Minerals, 2019, 9: 362.

[2] 刘万超, 张校申, 江文琛, 等. 拜耳法赤泥粒径分级预处理的研究 [J]. 环境工程学报, 2011(5): 921-924.

[3] 南相莉, 张廷安, 刘燕, 等. 我国主要赤泥种类及其对环境的影响 [J]. 过程工程学报, 2009, 9: 459-464.

[4] 顾汉念, 王宁, 刘恒波, 等. 拜耳法赤泥中锆石的形貌特征与意义 [J]. 矿物学报, 2010: 105-106.

［5］ 黄迎超，王宁，万军，等．赤泥综合利用及其放射性调控技术初探［J］．矿物岩石地球化学通报，2009，28：128-130.

［6］ Upadhayay S N, Singh M, Prasad P M. Preparation of iron rich cements using red mud［J］. Cement and Concrete Research, 1997, 7(27)：1037-1046.

［7］ 刘松辉，等．赤泥安全堆存和综合利用研究进展［J］．硅酸盐通报，2015，34(8)：2194-2200.

［8］ Power G, Gräfe M, Klauber C. Bauxite residue issues：I. Current management, disposal and storage practices［J］. Hydrometallurgy, 2011, 108(1-2)：33-45.

［9］ Kumar S, Kumar R, Bandopadhyay A. Innovative methodologies for the utilisation of wastes from metallurgical and allied industries［J］. Resources, Conservation and Recycling, 2006, 48(4)：301-314.

［10］ 刘松辉．赤泥碳酸化反应特性与机理研究［D］．焦作：河南理工大学，2016.

［11］ Huang Y, Chai W, Han G, et al. A perspective of stepwise utilisation of Bayer red mud：Step two—Extracting and recovering Ti from Ti-enriched tailing with acid leaching and precipitate flotation［J］. Journal of Hazardous Materials, 2016, 307：318-327.

［12］ Deng B, Li G, Luo J, et al. Enrichment of Sc_2O_3 and TiO_2 from bauxite ore residues［J］. Journal of Hazardous Materials, 2017, 331：71-80.

［13］ Liu Y, Naidu R. Hidden values in bauxite residue (red mud)：Recovery of metals［J］. Waste Management, 2014, 34(12)：2662-2673.

［14］ Vachon P, Tyagi R D, Auclair J C, et al. Chemical and biological leaching of aluminum from red mud［J］. Environmental Science & Technology, 1994, 28(1)：26-30.

［15］ Li R, Zhang T, Liu Y, et al. Calcification-carbonation method for red mud processing［J］. Journal of Hazardous Materials, 2016, 316：94-101.

［16］ Zhang R, Zheng S, Ma S, et al. Recovery of alumina and alkali in Bayer red mud by the formation of andradite-grossular hydrogarnet in hydrothermal process［J］. Journal of Hazardous Materials, 2011, 189(3)：827-835.

［17］ Zhong L, Zhang Y, Zhang Y. Extraction of alumina and sodium oxide from red mud by a mild hydro-chemical process［J］. Journal of Hazardous Materials, 2009, 172(2-3)：1629-1634.

［18］ 周秋生，范旷生，李小斌，等．采用烧结法处理高铁赤泥回收氧化铝［J］．中南大学学报（自然科学版），2008(01)：92-97.

3 给赤泥也带上"紧箍咒"

为什么必须给赤泥带上"紧箍咒"？赤泥的低利用率导致目前赤泥的处置仍以堆存为主，但赤泥的强碱性及其所含的重金属和放射性元素易对环境造成严重的污染，故赤泥的无害化处置非常重要。那么，如何打造赤泥的"紧箍咒"呢？

一方面要改变赤泥的堆存方式，即由传统的湿法堆存转向干法堆存。因为干法堆存的赤泥初进堆场，赤泥泥浆的含水量仅为湿法的5%左右，其占堆场表面积小，赤泥含水量可在半年内降至塑性含水率以下，达到自堆存能力，大大减少湿法堆存造成的赤泥废液向外渗漏的危险。

另一方面，赤泥的强碱性是其易对坝体周围环境造成严重污染的最主要原因，因此进行碱性调控成为实现赤泥无害化处置的关键。

3.1 赤泥中碱的存在状态

赤泥中的碱主要以可溶性碱和难溶性化学结合碱的状态存在。其中赤泥中可溶碱含量占总碱量的20%~25%，主要是在溶出铝土矿过程中带入的附着碱液；难溶性化学结合碱主要是氧化铝溶出过程中的脱硅产物。

3.1.1 可溶性碱

可溶性碱是赤泥碱性的一大来源，其种类、含量与铝土矿原料的品质和氧化铝生产工艺有关。相对于烧结法和联合法工艺，拜耳法工艺产生的可溶性碱性物质的种类多、含量高。赤泥中自由碱主要包括 NaOH、Na_2CO_3、$NaHCO_3$、$NaAl(OH)_4$、Na_2SiO_3、KOH、K_2CO_3 等，尤其前四种含量相对较高。氧化铝生产过程中需添加大量氢氧化钠，以使铝土矿中的氧化铝以铝酸钠的形式溶出并回收,同时部分 SiO_2 可参与反应生成可溶性硅酸钠。赤泥经多级洗涤后仍难免有部分自由碱残留。此外,铝土矿溶出浆液碱性很强,极易与空气中的 CO_2 反应生成碳酸钠、碳酸氢钠(表3-1)。自由碱存在于赤泥液相及矿物相表面,在溶解反应和蒸发作用下较易向赤泥表层迁移,导致赤泥表面出现"泛霜"现象[1]。

表3-1 赤泥中几种典型自由碱的形成反应[1]

自由碱	自由碱形成反应方程式	序号
碳酸氢钠	$NaOH + CO_2 \longrightarrow NaHCO_3$	(3-1)
碳酸钠	$NaHCO_3 + NaOH \longrightarrow Na_2CO_3 + H_2O$	(3-2)
铝酸钠	$Al_2O_3 \cdot SiO_2 \cdot 2H_2O + 6NaOH \longrightarrow 2NaAl(OH)_4 + 2Na_2[H_2SiO_4]$	(3-3)
氢氧化钠	$xNa_2[H_2SiO_4] + 2NaAl(OH)_4 \longrightarrow Na_2O \cdot Al_2O_3 \cdot xSiO_2 \cdot nH_2O + 2xNaOH$	(3-4)
硅酸钠	$2NaOH + SiO_2 \longrightarrow Na_2SiO_3 + H_2O$	(3-5)

3.1.2 难溶性化学结合碱

除可溶性碱外,赤泥中的碱还以难溶物相存在于赤泥结构中,被称作结合碱或结构碱,主要是预脱硅、高压溶出中形成的脱硅产物,还有少量形成于沉降分离过程。这些物质化学性质较稳定、溶解度低、酸中和能力强。在不同氧化铝生产工艺及条件下,脱硅产物的物相组成及结构也有一定差异。氧化铝生产过程中生成的脱硅产物主要有钙霞石、方钠石、铝酸三钙、水化石榴石、沸石、方解石及无定型含水铝硅酸钠等。几种化学结合碱都以稳定矿物相形式赋存于赤泥体系,均存在溶解平衡反应(表3-2),具有较强缓冲能力。

表3-2 赤泥中几种典型难溶性化学结合碱的溶解反应[1]

难溶性化学结合碱	难溶性化学结合碱溶解反应方程式	序号
方解石	$CaCO_3 \longrightarrow Ca^{2+} + CO_3^{2-}$	(3-6)
铝酸三钙	$Ca_3Al_2(OH)_{12} \longrightarrow 3Ca^{2+} + 6OH^- + 2Al(OH)_3$	(3-7)
方钠石	$[Na_6Al_6Si_6O_{24}] \cdot [2NaX \text{ or } Na_2X] \longrightarrow 8Na^+ + 6H_4SiO_4 + 6Al(OH)_3 + 8X(X:OH^- \text{ 或 } CO_3^{2-})$	(3-8)
钙霞石	$[Na_6Al_6Si_6O_{24}] \cdot 2[CaCO_3] + 26H_2O \longrightarrow 6Na^+ + 2Ca^{2+} + 6H_4SiO_4 + 6Al(OH)_3 + 2HCO_3^- + 8OH^-$	(3-9)
水化石榴石	$Ca_3Al_2(SiO_4)_x(OH)_{12-4x} \longrightarrow 3Ca^{2+} + (6-4x)OH^- + xH_4SiO_4 + 2Al(OH)_3$	(3-10)

3.2 赤泥脱碱技术

从理论上讲，赤泥包括可溶性碱和难溶性化学结合碱，所以根据赤泥中碱的赋存状态，其脱碱也分为两个方面：一是通过破坏结构将不溶性碱转化为可溶性碱，然后用水洗涤除去；二是通过沉淀将可溶性碱转化为不溶性碱，降低其溶出度。但在实际应用中，为了实现赤泥的脱碱，通常将这两个方面结合起来。国内外学者通过大量的研究，形成了一系列赤泥脱碱方法。

3.2.1 酸中和法

说到碱的去除，首先是酸中和法，因为酸碱中和是最简单、最直接的化学反应。酸中和是降低赤泥碱度的有效途径，主要包括酸中和法和酸性气体中和法。

3.2.1.1 酸中和法

无机酸调控赤泥碱性的效果显著，能够实现对赤泥碱性的深度调控，提高碱性调控效率。无机酸不仅可以大幅降低赤泥自由碱的含量，并且还能够有效调控化学结合碱的碱性。各种无机酸已在实验室中被证实可以有效脱除赤泥中的碱，如 H_2SO_4、HCl、HNO_3 和 H_3PO_4。近年来，有关于有机酸除碱的研究结果表明，它们也可以很容易地实现赤泥的脱碱。脱碱的原理是酸能与赤泥自由碱、化学结合碱发生一系列中和反应，反应方程式如下[2,3]：

$$OH^- + H^+ \rightleftharpoons H_2O \qquad (3-11)$$

$$CO_3^{2-} + 2H^+ \rightleftharpoons H_2O + CO_2 \uparrow \qquad (3-12)$$

$$Al(OH)_4^- + H^+ \rightleftharpoons Al(OH)_3 \downarrow + H_2O \qquad (3-13)$$

$$SiO_3^{2-} + 2H^+ \rightleftharpoons H_2SiO_3 \downarrow \qquad (3-14)$$

$$Na_6Al_6Si_6O_{24} \cdot 2NaX + 6H^+ + 18H_2O \rightleftharpoons 8Na^+ + 2X^- + 6Al(OH)_3 + 6H_4SiO_4$$

$$(3-15)$$

$$Na_6Al_6Si_6O_{24} \cdot 2CaCO_3 + 10H^+ + 16H_2O =\!=\!=$$

$$6Na^+ + 2Ca^{2+} + 6Al(OH)_3 + 6H_4SiO_4 + 2CO_2\uparrow \qquad (3-16)$$

$$Ca_3Al_2(SiO_4)_x \cdot (OH)_{12-4x} + (6-4x)H^+ =\!=\!=$$

$$3Ca^{2+} + 2Al(OH)_3 + xH_4SiO_4 + (6-4x)H_2O \qquad (3-17)$$

在酸中和过程中，赤泥液相内的碱与酸直接反应，使 pH 值立即下降到较低水平；然而，固相碱随后的溶解反应会导致 pH 值缓慢反弹。有报道称，长期滴定赤泥料浆时，与 HCl 的中和反应大约需要 50 天才能在 pH 值 6~8 范围内保持平衡[4]。从理论上讲，只要控制好酸的用量，可以使赤泥达到任何 pH 值；此外，酸中和可以促进絮凝，从而改善赤泥的物理结构，同时，所得的钠盐渗滤液可以结晶回收。

另一方面，碱性固体在特定 pH 值下的溶解行为仍不清楚。在强酸条件下，硅、铝和铁不可避免地会溶解，这些元素容易形成胶体，这给后续的固液分离带来了一定的困难[5]。更重要的是，完全中和赤泥中的碱需要消耗大量的酸，导致赤泥中和成本高，所以应选择冶炼废酸等酸性液体作为赤泥脱碱剂，但在此过程中会产生大量含盐量高的废水，后续处理也是一个棘手的问题。尽管双极膜电渗析法将硫酸钠分解为硫酸和氢氧化钠，但过程复杂且成本高昂，因此仍处于实验阶段[6,7]。应该指出的是，在任何情况下，成本都是一个值得注意的因素。因此，用酸中和法去除赤泥中的碱仍有很长的路要走。

中南大学胡岳华、孙伟教授团队系统研究了赤泥酸浸过程酸溶液、浸出温度、浸出时间、液固比、搅拌速度等因素对赤泥脱碱化的影响。如图 3-1 所示，赤泥中的 Na、Al 和 Ca 分阶段顺序浸出，用酸性溶液处理可以去除 17.84% 的 Na，而几乎没有其他金属被去除。在 H^+ 浓度为 0.5mol/L 的酸性溶液中，钠的溶出率可达 60% 以上，而 Al、Si、Ca 的浸出率均小于 10%。在 H^+ 浓度为 1.6mol/L 的酸性溶液中，Na 的浸出率为 94.70%，残渣中 Na 仅剩下 0.47%，可满足建筑材料的应用需求。

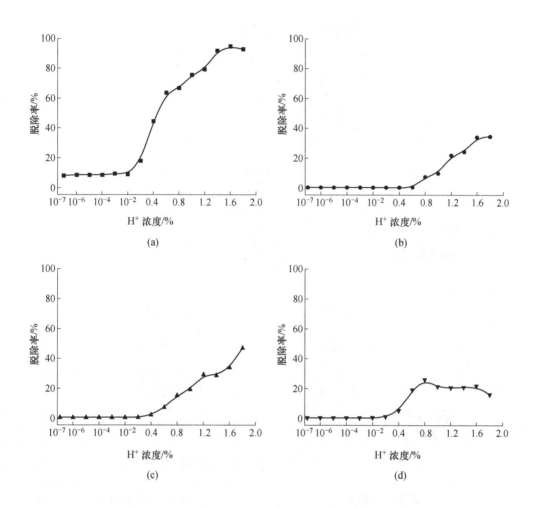

图 3-1 H$^+$ 浓度对赤泥中 Na、Al、Si、Ca 的浸出率的影响

（浸出时间为 10min，固液比为 1:4g/mL，搅拌速度为 300r/min，298K）

（a）Na；（b）Al；（c）Si；（d）Ca

基于脱碱理论分析，团队开发了赤泥高效快速清洁脱碱及土壤化关键技术，其技术路线如图 3-2 所示。

该团队首先采用钛白废酸对赤泥进行常温搅拌酸性浸出，赤泥脱碱前后的化学成分见表 3-3。赤泥的脱碱率高达 97.42%，钠含量可降至 0.30%，且脱碱赤泥毒性浸出合格，可直接应用于土壤修复、建筑材料、尾矿充填等工业用途。

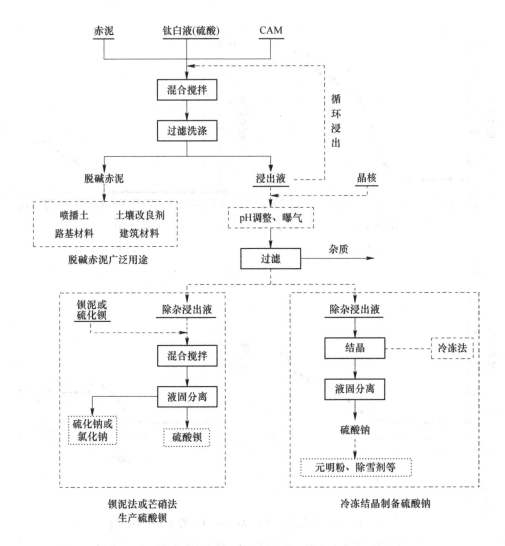

图 3-2　赤泥酸中和脱碱工艺技术路线

表 3-3　利用钛白废酸脱碱前后赤泥化学成分　　　（%）

元素	O	Na	Mg	Al	Si	P	S	K	Ca
脱碱前	36.956	11.709	0.096	11.025	8.143	0.095	0.259	0.083	1.332
脱碱后	37.58	0.302	0.085	12.22	6.691	0.126	0.126	0.048	0.829
元素	Ti	Cr	Mn	Fe	Cu	Zn	Ga	Sr	
脱碱前	4.398	0.078	0.064	25.483		0.008			
脱碱后	5.525	0.08	0.086	33.828	0.024	0.009	0.006	0.012	

由于赤泥中的硅组分在酸性溶液中易形成硅胶，使得赤泥常温酸浸体系存在过滤性能差的缺点。针对此，该团队创新性地提出以含钙废渣作为赤泥絮凝剂，开发了赤泥快速沉降技术，通过钙离子的电荷中和桥联作用使赤泥中微细粒的黏土矿物和含铁矿物发生快速团聚，取代传统的有机絮凝剂，显著降低了药剂成本[8]。同时随着含钙废渣用量的增大，其过滤时间由35min缩减至0.2min，过滤速度提升了约70倍，显著改善了赤泥常温酸浸体系的过滤性能。表3-4显示了不同浸出液的化学成分，可以看出含钙废渣的加入使得浸出液中的杂质离子大量减少，简化了浸出液的后续处理[9]。

表3-4 浸出液化学成分 （%）

元素	Al	B	Ca	Co	Cr	Cu	Fe	K	Li	V
硫酸脱碱浸出液	163.1	0.1	45.9	0.02	0.02	0.08	0.04	7.7	0.02	0.02
硫酸＋含钙废渣联合脱碱浸出液	0.06	0.03	43.3	0.004	0.006	0.01	0.007	10.8	0.01	0.007

元素	Mg	Mn	Na	Nd	Ni	P	Pb	S	Si	Y
硫酸脱碱浸出液	6.0	0.5	1413	0.1	0.04	0.1	0.02	1290	66.4	0.1
硫酸＋含钙废渣联合脱碱浸出液	0.5	0.03	1383	0.003	0.01	0.004	0.003	997.0	3.2	0.001

该团队还对浸出液中含有的大量钠元素进行了回收再利用。首先对浸出液的酸碱度进行调整，并加入晶核进行曝气处理，除去溶液中的铁、铝等杂质。经除杂后的浸出液可以直接用于生产硫化钠；也可通过纳滤浓缩、冷冻结晶生产硫酸钠产品。

该团队还开发了赤泥人工土壤形成及生态修复技术，通过引进优选的耐盐碱植物，利用植物的生长繁衍及定居生长，进一步降低赤泥盐碱性和改善赤泥的团聚体结构。耐盐碱植物还可加快矿物质和有机质的分解，提高赤泥的保肥保水能力，驱动赤泥快速土壤化，实现赤泥堆场的生态原位修复。图3-3所示为拜耳法赤泥脱碱后代替土壤直接种植月季的生长状态图，月季的生长状态很好，并发出许多新芽。

以上拜耳法赤泥高效快速清洁脱碱技术具有脱碱速度快、过滤性能优

图 3-3　拜耳法赤泥脱碱后代替土壤直接种植月季生长图

（a）种植 5 天；（b）种植 15 天；（c）种植 15 天局部放大图

良、脱碱成本低廉、大大改善赤泥的团聚体结构等优点。开发的生态修复技术可加快赤泥土壤进程，快速实现赤泥土壤化，以实现赤泥的生态修复。同时高效快速清洁脱碱技术完全利用了浸出渣和浸出液，真正实现了赤泥的无害化处置。

3.2.1.2　酸性气体中和技术

酸性气体中和作用调控赤泥碱性的研究主要包括 CO_2 中和法和 SO_2 中和法。它们是利用 CO_2 和 SO_2 溶于溶液中形成碳酸或亚硫酸，不断释放出 H^+，与赤泥中的氢氧根离子反应，从而实现对赤泥碱性的调控。当碳酸溶解产生的氢离子不断参与中和反应，最终赤泥液相体系将存在 CO_3^{2-}／HCO_3^- 平衡，液相 pH 值可降至 10.0 以内。酸性气体可使赤泥中部分碱性物质发生碱性转化，从而达到调控赤泥 pH 值的目的，中和过程中的主要反应如下：

$$2OH^- + CO_2/SO_2 \Longrightarrow CO_3^{2-}/SO_3^{2-} + H_2O \tag{3-18}$$

$$H_2O + CO_2/SO_2 \Longrightarrow H_2CO_3/H_2SO_3 \tag{3-19}$$

$$SiO_3^{2-} + CO_2/SO_2 + 2H_2O \Longrightarrow CO_3^{2-}/SO_3^{2-} + H_4SiO_4 \downarrow \tag{3-20}$$

$$2Al(OH)_4^- + CO_2/SO_2 \Longrightarrow CO_3^{2-}/SO_3^{2-} + 2Al(OH)_3 \downarrow + H_2O \tag{3-21}$$

$$Al(OH)_4^- + CO_2 \Longrightarrow HCO_3^- + Al(OH)_3 \downarrow \tag{3-22}$$

$$Al(OH)_4^- + Na^+ + CO_2 \Longrightarrow NaAlCO_3(OH)_2 \downarrow + H_2O \tag{3-23}$$

$$Ca_3Al_2(OH)_{12} + 3CO_2/SO_2 \Longrightarrow 3CaCO_3/CaSO_3 + 2Al(OH)_3 + 3H_2O \tag{3-24}$$

$$Na_6Al_6Si_6O_{24} \cdot 2NaOH + 2CO_2 \Longrightarrow Na_6Al_6Si_6O_{24} + 2NaHCO_3 \tag{3-25}$$

$$Na_6Al_6Si_6O_{24} \cdot 2NaX + 3SO_2 + 21H_2O \Longrightarrow 8Na^+ + 2X^- + 3SO_3^{2-} + 6Al(OH)_3 + 6H_4SiO_4 \tag{3-26}$$

$$Ca_3Al_2(OH)_{12} + 3CO_3^{2-} \Longrightarrow 3CaCO_3 + 2Al(OH)_4^- + 4OH^- \tag{3-27}$$

$$Ca_3Al_2(OH)_{12} + 2Na^+ + 8HCO_3^- \Longrightarrow 3CaCO_3 + 2NaAlCO_3(OH)_2 + 3CO_3^{2-} + 8H_2O \tag{3-28}$$

$$Ca_3Al_2(OH)_{12} + 6HCO_3^- \Longrightarrow 3CaCO_3 + 2Al(OH)_3 + 3CO_3^{2-} + 6H_2O \tag{3-29}$$

赤泥液相碱性组分与酸性气体反应被中和，如式（3-18）~式（3-23）所示[10-13]。酸性气体与碱反应形成碳酸盐（碳酸氢盐）和亚硫酸盐，亚硫酸盐通常被进一步氧化成硫酸盐，从而实现赤泥的脱碱。当 OH^- 耗尽时，$Al(OH)_4^-$ 逐渐沉淀为三水铝石（$Al(OH)_3$）和在 pH 值 4.1~7.8 范围内稳定存在的碳钠铝石（$NaAlCO_3(OH)_2$）[14-16]。赤泥液相中的碱被瞬间中和后，以铝酸三钙为代表的含钙碱性矿物被酸性气体逐渐溶解，形成方解石或亚硫酸钙，以及无定形氢氧化铝（式（3-24））[17]。在充足的二氧化碳供应或长时间的处理下，二氧化碳也能溶解释放方钠石中的钠（式

(3-25)），这部分约占钠盐总量的 25%[18]。但是，由于碳酸的酸性较弱，其他的碱性物质如钙霞石中的结构碱很难被其中和；亚硫酸酸性较强，能完全溶解赤泥中的所有碱性物质，并将硅释放到溶液中（式（3-26））[19]。从上述碱溶反应可以看出，可溶碳酸盐（CO_3^{2-}）和碳酸氢盐（HCO^{3-}）或硫酸盐（SO_4^{2-}）是中和过程的主要产物。因此，如果在此过程中提供充足的钙源，沉淀反应产物，中和反应的速率和程度将会加快或增强[20]。如果酸性气体不足或处理时间短，赤泥中的缓冲固体（主要是铝酸三钙）没有被耗尽并不断溶解（式（3-27）~式（3-29）），将 OH^- 离子释放到溶液中，将造成中和后赤泥的 pH 值反弹。

早在 1983 年，加拿大铝业就在巴西的氧化铝厂尝试了利用 CO_2 进行赤泥中和脱碱。后来，美国铝业公司采用该工艺在干堆前降低赤泥的 pH 值，并于 20 世纪 90 年代进行了大量的实验室和中试实验。2000 年，西澳大利亚 Alcoa 的 Kwinana 氧化铝厂进行了大规模的 CO_2 中和赤泥的试验。到 2007 年，冶炼厂成功地处理了附近氨厂排放的二氧化碳。结果表明，当 $25kg/m^3$ CO_2 通入含 48% 固体的赤泥浆后，可以得到 pH 值为 9 的碳化渣，渗滤液的 pH 值维持在 10.5 左右，而未中和的赤泥渗滤液 pH 值在 13 以上[18]。对赤泥碳化机理的研究表明，随着 CO_2 分压的增大，赤泥的稳定 pH 值显著降低，达到稳定状态的时间也逐渐减少。研究表明，当 CO_2 分压从 $10^{-3.5}atm$ 增加到 $1atm$，赤泥 pH 值稳定所需时间从 10 天降至 2 天，而稳定 pH 值由 9.9 降至 7.7。但短期中和赤泥的 pH 值在 1 天内恢复到 10 左右。在 $1atm$ CO_2 分压下中和 30 天，钙霞石相消失，赤泥的 pH 值稳定至约 7.55[21]。同时，在赤泥碳酸化过程中引入钙离子，可大大提高中和效率。在大气 CO_2 中和实验中，对照组、加入烟气脱硫石膏、加入氯化钙的赤泥样品 pH 值分别降至 9.5、8.3 和 7.7。而 CO_2 循环次数并不能提高中和效率。无论 CO_2 循环多少次，赤泥 pH 值都稳定在 9.4 ~ 9.7[22]。采用喷雾塔、填充柱进行 CO_2 捕集实验发现，赤泥的稳定 pH 值不会随着所用设备的不同而变化，但喷淋塔是一种更经济的选择，因为它的施工和操作成本更低、维护更简单。从另一个角度来看，CO_2 的消耗也可减少工业 CO_2 的排放，有利于减轻温室效应。据报道，每吨赤泥可消耗 16～102kg 的 CO_2。根据目前赤泥的产量估算，大气中每年约有 600 万吨二氧化碳被固定到赤泥中。粗略估计，从 19 世纪末至今，赤泥捕获的二氧化碳量超过了 1 亿吨[23]。

因此，CO_2 中和对赤泥的管理和二氧化碳的捕集都有积极的意义。碳酸化赤泥 pH 值降低到 10.5 左右，在改良酸性土壤和其他工业活动中具有潜在的应用价值。"以废治废"的方案有利于工业的可持续发展。然而，在赤泥碳酸化过程中，二氧化碳的供应是一个关键问题。考虑到二氧化碳气体和赤泥大规模长距离运输都需要较高的成本，因此此方法仅适合于处理毗邻产生二氧化碳废气工厂的赤泥，这类工厂有氨厂、石灰石煅烧窑、水泥厂、火电厂、铁还原厂等。另外，赤泥的碳酸化通常需要较长的时间，最好能够额外添加钙源缩短反应时间。

日本 Sumitomo 氧化铝厂自 20 世纪 70 年代中期以来一直采用强碱赤泥去除烟气中的 SO_2。进入 21 世纪后，类似的做法已经在意大利的炼铝厂实施。在气液两相连续进料的鼓泡反应器中，研究发现碱去除效率随气相流量的增加而增加，随液相流量的增加而几乎保持不变[24]。在实际应用中，如何实现流动气体与赤泥颗粒的充分接触是亟须解决的关键问题。对于赤泥脱碱，在优化条件下，SO_2 中和后赤泥中的残余 Na_2O 可以降低到 1% 以下。对于烟气治理，赤泥在优化的条件下可以去除 97.5% 的 SO_2。经 SO_2 处理的赤泥可用于制备低聚合物，其强度较原赤泥显著增强。然而，由于酸性气体中和的技术效率较低，且酸性气体量有限，因此无法大规模推广。

赤泥还可以处理其他含酸性气体的工业废气，如 H_2S、NO_2、HF 和 PO_x 等。然而，由于安全风险等操作问题，研究还不够深入。排气源与赤泥在空间和产量上的不匹配也制约了这些工艺的发展。

3.2.2 盐（离子）沉淀或置换技术

离子沉淀或置换法主要是基于钙、镁等的氢氧化物和盐的溶解度小的原理，减少赤泥中游离的碱性阴离子。与酸中和方法不同的是，该方法将易溶、强碱性物质转化为不溶性、弱碱性物质，而不是将氢氧化物或碳酸盐从赤泥中去除。

3.2.2.1 海水中和法

海水的平均盐度为 3.5%，其中钙离子和镁离子分别占 1.17% 和 3.65%。赤泥经海水或盐湖卤水冲洗后碱度可大大降低，因为海水或卤水中的钙、镁离子沉淀了赤泥中的氢氧根、碳酸根和铝酸根等阴离子，从而释放出钠离子。此方法是将过量的海水（赤泥体积的 10 ~ 20 倍）加入赤泥中，反应至少 30min，使赤泥 pH 值有效降低。

海水中和赤泥过程中，赤泥的 pH 值首先经过 2 或 3 个缓冲区间，然后稳定在 8.2 ~ 9.0。在此过程中，不溶性碳酸盐（$CaCO_3$ 和 $MgCO_3$）、水镁石（$Mg_3(OH)_6$）、水滑石（$Mg_6Al_2(CO_3)(OH)_{16} \cdot 4H_2O$）、水铝钙石（$Ca_4Al_2(OH)_{12} \cdot CO_3$）、铝氢方解石（$CaAl_2(CO_3)_2(OH)_4 \cdot 3H_2O$）、鳞镁铁矿（$Mg_6Fe_2(CO_3)(OH)_{16} \cdot 4H_2O$）形成的化学方程式如式（3-30）~ 式（3-36）所示[25-27]。

$$CO_3^{2-} + Ca^{2+} = CaCO_3 \downarrow \qquad (3\text{-}30)$$

$$CO_3^{2-} + Mg^{2+} = MgCO_3 \downarrow \qquad (3\text{-}31)$$

$$6OH^- + 3Mg^{2+} = Mg_3(OH)_6 \downarrow \qquad (3\text{-}32)$$

$$8OH^- + CO_3^{2-} + 2Al(OH)_4^- + 6Mg^{2+} + 4H_2O = Mg_6Al_2(CO_3)(OH)_{16} \cdot 4H_2O \downarrow$$
$$(3\text{-}33)$$

$$4OH^- + CO_3^{2-} + 2Al(OH)_4^- + 4Ca^{2+} = Ca_4Al_2(OH)_{12} \cdot CO_3 \downarrow \qquad (3\text{-}34)$$

$$2CO_3^{2-} + 2Al(OH)_4^- + Ca^{2+} + 3H_2O = CaAl_2(CO_3)_2(OH)_4 \cdot 3H_2O \downarrow + 4OH^-$$
$$(3\text{-}35)$$

$$CO_3^{2-} + 16OH^- + 6Mg^{2+} + 2Fe^{3+} + 4H_2O = Mg_6Fe_2(CO_3)(OH)_{16} \cdot 4H_2O \downarrow$$
$$(3\text{-}36)$$

Palmer 等人通过电子和振动光谱、红外光谱、拉曼光谱和紫外可见光谱证明了海水中和对 Al^{3+}、Fe^{2+}、Fe^{3+} 或 Ti^{3+} 等结构离子没有影响[28,29]。在海水中和赤泥过程中，不但赤泥的碱度降低了，而且海水硬度碱度也降低了约 50%。剩余的海水可以排回大海，对海洋生态的不利影响很小。

由于在海水中和过程中没有去除氢氧根或碳酸盐，而是将其转化为难溶解的固体沉淀，所以尽管中和后的赤泥的 pH 值明显降低，但其酸中和的能力并没有降低。甚至在水滑石析出过程中，由于海水中碳酸盐的吸附作用，赤泥的酸中和能力还有所增加。因此，中和赤泥在修复酸性硫酸盐土壤中有潜在应用价值，其处理效果甚至优于石灰。在中和过程中，海水中的多价阳离子，如 Ca^{2+} 和 Mg^{2+}，在矿物表面之间架起静电桥梁，将细小的赤泥颗粒凝聚成大团块，促进了团聚体的形成。海水中和后，赤泥中的沉淀钙也可以促进赤泥的土壤发生和植物的生长，这对赤泥堆场的生态恢复具有重要意义。此外，海水中和后赤泥的磷酸盐吸附能力显著增加，由于磷是植物生长所必需的元素之一，因此这对赤泥作为植物生长基质也是非常有利的。中和后的赤泥对废水中金属离子的去除能力也较好，还可以降低悬浮物浓度、化学需氧量（COD）和生化需氧量（BOD）。鉴于海水中和赤泥的上述性质，工业上也采用类似的中和流程，利用赤泥生产化学性质良好、生态安全的产品，来解决一些环境问题。

然而，霰石、水滑石等沉淀物质的积累会导致排水系统堵塞，这可能是阻碍原位海水中和应用的关键难点。虽然海水中和降低了赤泥的盐度，但还不足以支持大多数植物的生长，夹带的海水需要用淡水进一步冲洗才能进行植被重建[25]。

3.2.2.2 卤水中和法

在海水中和过程中，与搅拌时间、温度等参数相比，赤泥与海水的相对量是最重要的因素。中和过程中使用的海水量非常大，通常可以达到赤泥用量的 20 倍。因此，海水中和法一般只适用于毗邻海洋的氧化铝厂，这就限制了其在内陆地区的推广。然而，如果海水中钙离子和镁离子的浓度升高，所需海水的体积可能会大幅度减小。如果将海水的盐度提高到原来的 1.5 倍左右，那么中和相同量赤泥所需的海水体积将减少到约 58%，由此就诞生了卤水中和法。其原理与海水中和法相似，其创新之处是利用高浓度的钙镁离子盐水来提高中和反应的效率。卤水中钙、镁离子的浓度一般是海水中钙、镁离子浓度的 20 倍以上，可以调节钙、镁的比例，以促进特定矿物的析出。该方法的主要化学反应与海水中和过程基本相同。

Basecon™工艺是卤水中和工艺的代表，采用此工艺中和的赤泥被北美和欧洲的监管机构注册为一种环境无害的产品，现在已经在许多国家进行了大规模试验并在商业应用中获得成功。该方法处理后的赤泥由铝、铁、硅、钙和钛等矿物组成，比重超过3，粒度不到10μm，具有比表面积大、表面电荷质量比高的特点。在废水处理中，金属离子、磷酸盐和其他离子可通过化学和物理反应，沉淀并固定在赤泥颗粒上，其固着强度大，金属离子很难被滤除，因而能够被有效去除。同时，Basecon™法处理后的赤泥还可以用作絮凝剂、土壤改良剂等[30,31]。

3.2.2.3 石膏法

在海水和卤水中和赤泥的过程中，起关键作用的主要是可溶性钙离子和镁离子。而石膏作为一种微溶性钙盐，可持续释放钙离子用以中和赤泥碱度，加之石膏的流动性较差，因此常被用于赤泥堆场原位修复。与海水或卤水中的钙、镁离子沉淀赤泥中的氢氧化物、碳酸盐和铝酸盐的原理类似，石膏通过源源不断释放稳定的钙离子来降低赤泥的碱度。但是，由于石膏的固体性质，这种修复过程比海水或卤水的中和过程要慢得多。除了优先与碳酸盐反应生成方解石或霰石（式（3-30））外，在石膏修复过程中释放的 Ca^{2+} 和 OH^-、$Al(OH)_4^-$、CO_3^{2-} 和 SO_4^{2-} 之间也存在以下平衡（式（3-37）~式（3-39））[32]：

$$3Ca^{2+} + 4OH^- + 2Al(OH)_4^- \rightleftharpoons Ca_3Al_2(OH)_{12} \qquad (3-37)$$

$$6Ca^{2+} + 4OH^- + 2Al(OH)_4^- + 3CO_3^{2-} + 5H_2O \rightleftharpoons Ca_3Al_2(OH)_{12} \cdot 3CaCO_3 \cdot 5H_2O$$
$$(3-38)$$

$$6Ca^{2+} + 4OH^- + 2Al(OH)_4^- + 3SO_4^{2-} + 26H_2O \rightleftharpoons Ca_3Al_2(OH)_{12} \cdot 3CaSO_4 \cdot 26H_2O$$
$$(3-39)$$

降低赤泥碱性的效率取决于石膏溶解过程中释放的钙离子的量，这些钙离子主要与溶液中的氢氧化物（OH^-）、铝酸盐（$Al(OH)_4^-$）和碳酸盐（CO_3^{2-}）发生反应而使其沉淀。一般情况下，通过石膏修复，堆场风化赤泥的 pH 值通常可降低到 8.5~9.0，新鲜赤泥的 pH 值可降低到约

$10.5^{[33]}$。这是由于新鲜赤泥的碱度是由游离氢氧化物、铝酸盐和碳酸盐共同贡献的，石膏修复后的赤泥含有大量铝酸三钙，其缓冲作用使赤泥的pH值保持在一个较高的水平。但堆场风化赤泥的碱度几乎完全以碳酸盐为主，氢氧化物和铝酸盐在长期的自然演化过程中沉淀或流失，因此石膏修复后的赤泥中含钙矿物主要由方解石或霰石组成，导致赤泥pH值缓冲到一个较低的范围。由上述反应方程式可知，这些脱碱反应的可溶产物是硫酸钠，可以通过排水系统从赤泥堆场外排并进一步处理。此外，石膏不仅可以降低赤泥的pH值，还可以降低赤泥渗滤液中86%的铝（Al）和81%的砷（As）。这主要是因为铝以非晶相沉淀，而砷酸盐因静电作用吸附于带正电荷的碳酸盐表面而被从渗滤液中除去，并且这些被除去的铝和砷很难被磷酸盐溶液交换[34]。因此，石膏修复不仅可以降低赤泥碱度，还可以降低可溶性有毒元素对水环境的压力。

在赤泥原位修复过程中，石膏除可降低碱度外，也可大幅改善赤泥的理化性质。首先，石膏的引入增加了赤泥中植物生长所必需的营养物质，如Mg离子；石膏还增加了可交换的Ca^{2+}含量，Na^+易于分解团聚体并分散介质，石膏修复后Na^+被具有絮凝功能的Ca^{2+}所置换，从而促进了赤泥团聚体的形成，提高了其稳定性[35]；同时修复后的赤泥容重减小，而孔隙度增加，所以其渗透性增强，而地面蒸发减少[36-38]；此外，大量研究表明，石膏和有机物协同作用，可以改善赤泥的物理和化学性质，使其成为更适合植物生长的基质。工业副产品磷石膏也被证明是一种适用于赤泥修复的原料来源，因为除了石膏的作用外，还可以为植物提供生长所必需的磷元素。尽管石膏和有机物的添加有利于植物在赤泥上的生长，但是如果没有持续大量的投资，很难维持一个可持续的植物生长过程。这也可能是这种方法在世界范围内没有得到广泛推广的原因。

3.2.3 冶金方法脱碱

3.2.3.1 高温焙烧法

赤泥中含有多种有价值的成分，如Fe、Al、Ti等，因此也可以认为是一种二次资源。在过去的几十年里，国内外学者进行了多种回收有价金属的研究。其中，火法冶金是一种经典的方法。而在此过程中，钠通常与铝一起通过碱石灰烧结法回收。碱石灰烧结法的原则流程如图3-4所示。该工艺将碳酸钠、石灰或碳酸钙与赤泥充分混合，经高温焙烧，得到含铝酸钠和硅酸二钙的熟料，相应的化学反应如式（3-40）所示[39]。铝酸钠易溶于热碱溶液，因此可通过碱浸工艺回收。这些研究都是基于赤泥中有价成分的回收，而对处理前后的 pH 值变化关注甚少。但一般此工艺可以将残渣中的氧化钠含量降低到1%以下[40]。

$$Na_2O \cdot mAl_2O_3 \cdot nSiO_2 \cdot xH_2O + 2nCaO + (m-1)Na_2CO_3 =\!=\!=$$

$$mNa_2O \cdot Al_2O_3 + n2CaO \cdot SiO_2 + xH_2O + (m-1)CO_2\uparrow \quad (3\text{-}40)$$

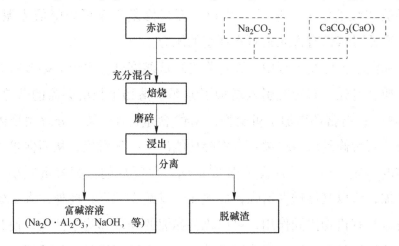

图 3-4　碱石灰烧结法的原则流程

近年来，逐渐有了利用焙烧法从赤泥中单独脱除钠的研究报道。该方法与碱石灰烧结相似，但不需要额外的添加剂，焙烧温度也较碱石灰烧结法低。首先将赤泥活化焙烧，然后采用水浸工艺处理焙烧后的赤泥，即可去除赤泥中的碱。朱晓波等人[41]研究发现，在 700℃ 活性焙烧 30min，90℃ 水浸 60min，液固比为 7mL/g 的最佳工艺条件下，最终碱的去除率可达到 82%，残渣中的钠含量降低至约 0.95%。在活化焙烧过程中，赤泥中的碱性组分被分解，生成氢氧化钠水合物 NaOH·H_2O 和菱钠钙石$Na_2Ca(CO_3)_2$，随后溶解在热水中，实现了赤泥的脱碱。同时，快速冷却有利于去除预焙赤泥中的碱。因为在焙烧过程中，部分钙霞石还可以经脱水脱碳形成霞石$KNa_3(AlSiO_4)_4$和硅酸氢钙钠$NaCaHSiO_4$。冷却速度越快，焙烧赤泥中形成的氢氧化钙和菱钠钙石的浓度越高。一方面，氢氧化钙有利于钙霞石和硅酸氢钙钠的溶解，菱钠钙石则在随后的水浸过程中直接溶解；另一方面，快速冷却不利于结晶过程，导致焙烧赤泥中存在高浓度的非晶相，这也更有利于钠的浸出[42]。然而，由于高温焙烧需要消耗大量能量，如果不同时回收其他有价值的成分，在经济上是不可行的。因此，这些研究还仅停留在实验室阶段。

3.2.3.2 水热法

采用水热法从赤泥中除碱并回收铝的工艺是近年来开始研究的，该过程可通过两步水热反应来实现。首先将赤泥、NaOH 和 CaO 混合料浆于高温高压下反应，使方钠石等含铝组分分解为铝酸钠来回收铝，然后再将上一步的残渣混合碱液于高温高压下反应，将钠转化为硅酸钠而除去。在合适的工艺条件下，铝的提取率可达 87.8%，钠的去除率则为 96.4%[43]。这两个过程的化学反应方程式如式（3-41）和式（3-42）所示。

$$Na_2O \cdot Al_2O_3 \cdot 2SiO_2 \cdot nH_2O + Fe_2O_3 + NaOH + Ca(OH)_2 + aq \longrightarrow$$

$$NaAl(OH)_4 + aq + NaCaHSiO_4 + Ca_3(Fe_{0.87}Al_{0.13})_2(SiO_4)_{1.65}(OH)_{5.4}$$

$$(3-41)$$

$$NaCaHSiO_4 + NaOH + aq \longrightarrow Na_2SiO_3 + 2Ca(OH)_2 + aq \longrightarrow$$

$$2CaO \cdot SiO_2 \cdot nH_2O + 2NaOH + aq \qquad (3-42)$$

3.2.4 微生物修复

微生物驱动的修复通常伴随着赤泥堆场植被重建。微生物群落与其生活基质之间存在着非常复杂的相互作用。生存条件影响微生物群落的结构和功能，而微生物群落反过来通过将其代谢物释放到基质中影响其生存环境。因此，微生物不仅有益于植物群落的发展，而且还可以改变其生长基质的化学性质，包括 pH 值和重金属元素迁移[44]。采用微生物实现对赤泥碱性的调节的代谢产物主要包括有机酸和二氧化碳，其脱碱反应与酸中和法基本一致。但与无机酸相比，酸性较弱的有机酸在矿物溶解方面发挥双重作用。一方面，释放的金属与溶液中过量的有机酸螯合可增强质子促进溶解，从而降低溶液中游离金属的活性；另一方面，有机酸在固体表面的特性吸附可以通过配体对金属或金属对配体的电荷转移来破坏表面金属和矿物本体之间的化学键，从而最终促进金属在表面的溶解[45]。

容易理解的是，微生物驱动的修复需要加入有机质为各种微生物的生存提供营养源。代谢物的种类取决于原始底物和其中生存的活性微生物。赤泥曝气条件差，导致厌氧微生物更容易在这种环境中存活，因此，厌氧代谢在微生物驱动修复中起着至关重要的作用。乙酸、丙酸、丁酸和乳酸是有机物厌氧代谢产生的主要有机酸。以葡萄糖为例，葡萄糖和纤维素类有机物在厌氧环境中被微生物分解为乙酸（式（3-43）），此类微生物包括热醋酸梭菌、Moore sp. retain F21 等[46,47]。类似地，丙酸和丁酸也可以由丙酸杆菌和梭菌产生（式（3-44）和式（3-45）），同时，也有一系列其他酸性产物产生，包括乙酸、二氧化碳和琥珀酸。乳酸通常由乳酸杆菌科细菌在厌氧发酵过程中产生，包括链球菌属、球菌属、乳酸杆菌（式（3-46）和式（3-47））。乳酸也可以由好氧环境中的真菌产生，如黑曲霉菌。此外，许多乳酸菌能够在盐碱环境中生存，且产生乳酸的有机基质来源较为广泛，使得该途径在铝土矿废渣微生物驱动修复中具有较大的应用潜力，因此受到广泛关注。

除此之外，二氧化碳作为一种酸性氧化物，在微生物驱动的铝土矿废渣碱性调节中起着重要作用。微生物在有氧呼吸或厌氧发酵过程中都可以消耗糖、蛋白质、脂类和其他复合碳水化合物产生二氧化碳（式（3-48）和式（3-49），以葡萄糖为例）。从式（3-48）和式（3-49）可以看出，与厌氧发酵相比，在消耗相同量葡萄糖的前提下，有氧呼吸似乎产生更多的二氧化碳，然而，呼吸作用产生二氧化碳速率快，易释放进入大气造成损失[44]。发酵产生的有机产物（如乙醇）可进一步被其他生物体利用，

并最终产生 H_2 和 CO_2，客观上延长了 CO_2 的生成过程[48]。从动力学上讲，由于赤泥中结构碱碳化反应缓慢，厌氧发酵缓慢释放 CO_2 可能比有氧呼吸更有利于碳酸化反应的持续进行。赤泥缺氧渍水的环境也更利于发酵过程的进行。总的来说，有机改性剂协同微生物驱动修复是一种有前景的原位中和赤泥碱度的方法。

$$C_6H_{12}O_6 \longrightarrow 3CH_3COOH \tag{3-43}$$

$$3C_6H_{12}O_6 \longrightarrow 4CH_3CH_2COOH + 2CH_3COOH + 2CO_2 + 2H_2O \tag{3-44}$$

$$C_6H_{12}O_6 \longrightarrow CH_3CH_2CH_2COOH + 2H_2 + 2CO_2 \tag{3-45}$$

$$C_6H_{12}O_6 \longrightarrow 2CH_3CHOHCOOH \tag{3-46}$$

$$C_6H_{12}O_6 \longrightarrow CH_3CHOHCOOH + CH_3CH_2OH + CO_2 \tag{3-47}$$

$$C_6H_{12}O_6 + 6O_2 \longrightarrow 6CO_2 + 6H_2O \tag{3-48}$$

$$C_6H_{12}O_6 \longrightarrow 2C_2H_5OH + 2CO_2 \tag{3-49}$$

相对而言，利用微生物修复赤泥的研究和报道还比较少。赤泥的内部环境相对恶劣，其固有的高盐度、高碱度、金属毒性、缺乏养料等特点对微生物的生长和生存构成了重大挑战。长期以来的研究发现，赤泥中的细菌种群已被破坏，但在提供充足养分后可以逐渐恢复。有研究发现，向赤泥中添加干草或营养液进行一段时间的培养后，其 pH 值从约 13 降至 6 ~ 7[49]。然而，中和的确切机制尚不完全清楚，它似乎是代谢有机酸和微生物呼吸产生的二氧化碳气体共同作用的结果。但由于可从处理过的赤泥中分离出多达 150 种培养物，起主要作用的活性微生物也很难确定。Krishna 等人[50]将塔宾曲霉菌接种到改良后的赤泥中，发现它能显著降低赤泥的碱度，并促进植物生长。在百慕大草栽培中，接种曲霉菌可促进天然丛枝菌根真菌的定植，且当与石膏和污泥联合处理时，百慕大草的营养吸收显著增加，而金属积累减少[51]。从赤泥中分离得到的草酸青霉是一种产酸真菌，能在 11 天内将铝土矿废渣的 pH 值从 10.26 降至 6.48[52]。Schmalenberger 等人[53]采用焦磷酸测序、聚合酶链反应指纹图谱分析等方法研究发现，在石膏和堆肥成功修复的赤泥中形成了富含酸杆菌和丛枝菌根真菌内共生体的细菌群落。

动力学上，初始 pH 值和有机物剂量是生物修复效果的关键控制因素。

降低赤泥的初始碱度和盐度，提高有机物添加量，有利于提高 pH 值中和的速率和限度，其中降低初始碱度作用更为显著[54]。因此，采用其他脱碱方法提前降低赤泥的碱度，可以提高微生物驱动修复的效率和程度；同时，较低的碱度也意味着更多的微生物可能在其中生存。微生物驱动修复技术与其他方法的结合值得进一步深入研究。但微生物驱动的修复一般需要较长的时间。筛选合适的菌株、提高微生物代谢产酸效率，应该是微生物驱动修复另一个值得研究的方向。

此外，微生物可以从细胞中渗出胞外聚合物（EPS）。EPS 主要是多糖、蛋白质、核酸或脂类，这取决于生物体的种类及其生存环境。EPS 保护微生物免受杀菌剂和干旱、重金属、酸碱性等极端环境条件的影响，这种行为对微生物群落的多样性具有重要意义。此外，EPS 可以促进颗粒团聚，改善环境通气性，稳定基质结构，从而推动赤泥处置区的成土作用和生态恢复[44]。

3.2.5　微生物 + 植物联和调碱

微生物 + 植物联合调碱技术采用专有复合土壤改良剂结合赤泥堆场生态群落构建技术，以赤泥土壤化改良技术、生态群落构建技术为基础，通过化学改良、植物修复、微生物驱动修复的协同耦合，开发出赤泥堆场无土原位修复及还耕利用技术，实现赤泥堆场的生态恢复，真正实现赤泥堆场的还耕再利用。

针对赤泥盐碱含量高、土壤结构差、营养成分低，无法满足植物、微生物的生长条件，及生态修复困难等难题，通过开发复合型赤泥土壤化改良剂，并结合盐碱调控、团聚体构建、养分调理等多重修复手段，用以提高赤泥土壤的持水、保肥、透气性能，进而快速实现赤泥的土壤化，为植物、微生物的生长提供良好的长期生存环境。

同时引入优选的耐盐碱植物和微生物，通过先锋作物、微生物的生长繁衍和后期乡土作物的定居生长，在赤泥堆场构建完整的生态群落。通过耐盐碱菌株降低赤泥盐碱性，改善团聚体结构，促进矿物质和大分子有机质的分解，提高土壤保肥保水能力，驱动赤泥土壤化，为植物的可持续生

长提供良好的微生物环境。通过耐盐碱植物，进一步改善土壤结构和 pH
值环境，并刺激微生物的生长代谢，在赤泥堆场上构建完整的生态群落，
提高生态系统的可持续性和稳定性。修复后的赤泥土壤轮种牧草、经济作
物（冬小麦），可实现赤泥堆场还耕再利用，主要技术路线如图3-5所示。

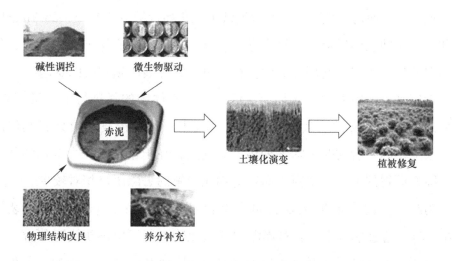

图3-5　微生物＋植物联合调碱技术

　　该技术解决了拜耳法赤泥堆场的无土原位修复难题，实现了赤泥堆场
生态系统的可持续性和稳定性，成果达到了国际先进水平，已在多家氧化
铝企业赤泥堆场生态修复工程中得到应用（图3-6）。

图3-6　某赤泥堆场的无土原位修复成果

3.3 赤泥脱氟技术

由于铝土矿本身含有 0.01% ~ 0.15% 的氟，从而使赤泥中存在大量的氟化物。在大气降水及冲灰水的浸泡和淋溶作用下，氟化物会大量溶出，渗入地下，进而污染地下水，其浸泡液中氟化物含量高达 11.5 ~ 26.7mg/L，人和牲畜长期饮用后会发生氟中毒。因此，如何有效去除赤泥中的氟，促进赤泥的进一步综合利用是氧化铝行业可持续发展亟须解决的难题。

近年来，国内外学者对如何去除土壤、水体中的氟进行了大量探索，先后出现了化学淋洗、吸附、电渗析等技术。电渗析技术因具有操作简便、去除率高、能同时去除各种污染等优点，在土壤、污泥、沉积物的污染去除方面得到了较多研究。而针对赤泥中氟的去除研究相对较少。

为减少赤泥中的氟化物含量，李雅丹等人[55]采用自制电渗析装置（图3-7），通过单因素实验对赤泥中的氟化物进行了电渗析去除研究，考查了电压梯度和液固比对电流以及悬浮液 pH 值和电导率的影响，分析了电渗析技术去除赤泥中氟化物的效果。结果表明，电渗析初期，电流从最大值迅速减小；在同一电压梯度下，电流随着液固比的增大而减小；在电渗析过程中，悬浮液 pH 值和电导率随时间的延长而减小。电渗析技术可有效去除赤泥中的水溶性氟，其去除量随着电压梯度的升高而增大，最高

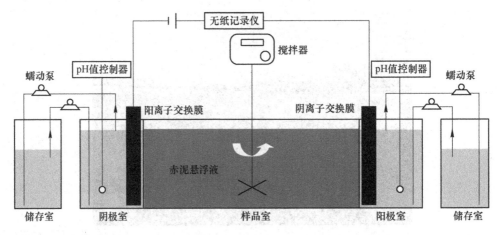

图3-7 电渗析装置示意图[55]

去除率可达77.22%。利用电渗析技术去除赤泥中氟化物时，应综合考虑电压梯度和液固比对去除量及去除率的不同影响，在保证去除效果的同时尽可能降低能耗。

表3-5列出了电渗析结束后赤泥中水溶性氟的去除及能耗。在1.0V/cm和2.0V/cm电压梯度下，大的液固比有助于水溶性氟的去除；而在1.5V/cm电压梯度下，不同液固比下水溶性氟的去除率相差较小，这可能是两极施加电压与悬浮液中可移动离子浓度共同作用的结果。在同一液固比下，随着电压梯度的升高，C系列较大的电流使水溶性氟去除率普遍较大，C4具有最大值77.22%。电压梯度的升高使电流增大，液固比的增大使悬浮液中可移动离子浓度降低，从而使处理单位质量赤泥能耗随着电压梯度和液固比的增大而升高。因此，实际利用电渗析技术去除赤泥中的水溶性氟时应综合考虑电压梯度和液固比对去除率的影响，在保证去除效果的同时尽可能降低能耗，使电渗析成为一种去除赤泥中水溶性氟化物的经济有效的技术。

表3-5　赤泥中水溶性氟的去除及能耗

电渗析实验编号	电压梯度/V·cm⁻¹	液固比/mL·g⁻¹	悬浮液中赤泥质量/g	电渗析前赤泥中水溶性氟的质量/mg	电渗析后赤泥中水溶性氟的剩余量/mg	水溶性氟的去除率/%	能耗/kW·h·kg⁻¹
A1	1	6	62	26.36	14.09	46.55	0.26
A2	1	8	48	20.4	7.54	63.02	0.32
A3	1	10	39	16.58	7.01	57.73	0.39
A4	1	12	33	14.03	5.05	64	0.46
B1	1.5	6	62	26.36	9.69	63.26	0.43
B2	1.5	8	48	20.4	7.95	61.01	0.51
B3	1.5	10	39	16.58	6.8	58.98	0.58
B4	1.5	12	33	14.03	5.37	61.75	0.68
C1	2	6	62	26.36	8.85	66.44	0.63
C2	2	8	48	20.4	5.75	71.81	0.72
C3	2	10	39	16.58	4.85	70.74	0.84
C4	2	12	33	14.03	3.2	77.22	0.96

参 考 文 献

[1] 薛生国，李晓飞，孔祥峰，等．赤泥碱性调控研究进展［J］．环境科学学报，2017，37（8）：2815-2828.

[2] Kirwan L J, Hartshorn A, Mcmonagle J B, et al. Chemistry of bauxite residue neutralisation and aspects to implementation ［J］. International Journal of Mineral Processing, 2013, 119: 40-50.

[3] Couperthwaite S J, Johnstone D W, Millar G J, et al. Neutralization of acid sulfate solutions using bauxite refinery residues and its derivatives ［J］. Industrial & Engineering Chemistry Research, 2013, 52(4): 1388-1395.

[4] Khaitan S, Dzombak D A, Lowry G V. Chemistry of the acid neutralization capacity of bauxite residue ［J］. Environmental Engineering Science, 2009, 26(5): 873-881.

[5] Rai S, Wasewar K L, Agnihotri A. Treatment of alumina refinery waste（red mud）through neutralization techniques：A review ［J］. Waste Management & Research, 35(6): 563-580.

[6] Kishida M, Harato T, Tokoro C, et al. In situ remediation of bauxite residue by sulfuric acid leaching and bipolar-membrane electrodialysis ［J］. Hydrometallurgy, 2017, 170: 58-67.

[7] Harato T, Smith P, Oraby E. Recovery of soda from bauxite residue by acid leaching and electrochemical processing ［C］. 2012.

[8] 曾华，吕斐，胡广艳，等．拜耳法赤泥脱碱新工艺及其土壤化研究 ［J］．矿产保护与利用，2019，39(3)：1-7.

[9] Zeng H, Lyu F, Hu G, et al. Dealkalization of bauxite residue through acid neutralization and its revegetation potential ［J］. JOM, 2020, 72(1): 319-325.

[10] Xue S, Kong X, Zhu F, et al. Proposal for management and alkalinity transformation of bauxite residue in China ［J］. Environmental Science and Pollution Research, 2016, 23 (13): 12822-12834.

[11] Yadav V S, Prasad M, Khan J, et al. Sequestration of carbon dioxide（CO_2）using red mud ［J］. Journal of Hazardous Materials, 2010, 176(1-3): 1044-1050.

[12] Clark M W M, et al. Comparison of several different neutralisations to a bauxite refinery residue：Potential effectiveness environmental ameliorants ［J］. Applied Geochemistry, 2015, 56: 1-10.

[13] Renforth P, Mayes W M, Jarvis A P, et al. Contaminant mobility and carbon sequestration downstream of the Ajka（Hungary）red mud spill：The effects of gypsum dosing ［J］. Science

of the Total Environment, 2012,421-422(none): 253-259.

[14] Guilfoyle L, Hay P, Cooling D. Use of flue gas for carbonation of bauxite residue [C]. AQW Inc.: Perth, 2005.

[15] Jones G, Joshi G, Clark M, et al. Carbon capture and the aluminium industry: Preliminary studies [J]. Environmental Chemistry, 2006, 3(4): 297-303.

[16] Su C, Suarez D L. In situ infrared speciation of adsorbed carbonate on aluminum and iron oxides [J]. Clays and Clay Minerals, 1997, 45(6): 814-825.

[17] Smith P G, Pennifold R M, Davies M G, et al. Reactions of carbon dioxide with tri-calcium aluminate [J]. Electrometallurgy and Environmental Hydrometallurgy, 2003, 2: 1705-1715.

[18] Cooling D J, Hay P S, Guilfoyle L. Carbonation of bauxite residue [C]. Proceeding of the 6th international alumina quality workshop, 2002, 2: 185-190.

[19] Smith P. The processing of high silica bauxites—Review of existing and potential processes [J]. Hydrometallurgy, 2009, 98(1-2): 162-176.

[20] Han Y, Ji S, Lee P, et al. Bauxite residue neutralization with simultaneous mineral carbonation using atmospheric CO_2 [J]. Journal of Hazardous Materials, 2017, 326: 87-93.

[21] Khaitan S, Dzombak D A, Lowry G V. Mechanisms of neutralization of bauxite residue by carbon dioxide [J]. Journal of Environmental Engineering, 2009, 135(6): 433-438.

[22] Rai S B, Wasewar K L, Mishra R S, et al. Sequestration of carbon dioxide in red mud [J]. Desalination and Water Treatment, 2013, 51(10-12): 2185-2192.

[23] Si C, Ma Y, Lin C. Red mud as a carbon sink: Variability, affecting factors and environmental significance [J]. Journal of Hazardous Materials, 2013, 244-245: 54-59.

[24] Fois E, Lallai A, Mura G. Sulfur dioxide absorption in a bubbling reactor with suspensions of Bayer red mud [J]. Industrial & Engineering Chemistry Research, 2007, 46(21): 6770-6776.

[25] Menzies N W, Fulton I M, Morrell W J. Seawater neutralization of alkaline bauxite residue and implications for revegetation [J]. Journal of Environmental Quality, 2004, 33(5): 1877-1884.

[26] Hanahan C, Mcconchie D, Pohl J, et al. Chemistry of seawater neutralization of bauxite refinery residues (red mud) [J]. Environmental Engineering Science, 2004, 21(2): 125-138.

[27] Mcconchie D, Clark M, Hanahan C, et al. The use of seawater-neutralised bauxite refinery residues in the management of acid sulphate soils, sulphidic mine tailings and acid mine

drainage [C]. Environmental Engineering Society (Queensland Chapter), 2000.

[28] Palmer S J, Frost R L. Characterisation of bauxite and seawater neutralised bauxite residue using XRD and vibrational spectroscopic techniques [J]. Journal of materials science, 2009, 44 (1): 55-63.

[29] Palmer S J, Reddy B J, Frost R L. Characterisation of red mud by UV-vis-NIR spectroscopy [J]. Spectrochimica Acta Part A: Molecular and Biomolecular Spectroscopy, 2009, 71(5): 1814-1818.

[30] Tillotson S. Phosphate removal: An alternative to chemical dosing [J]. Filtration & Separation, 2006, 43(5): 10-12.

[31] Brunori C, Cremisini C, Massanisso P, et al. Reuse of a treated red mud bauxite waste: Studies on environmental compatibility [J]. Journal of Hazardous Materials, 2005, 117(1): 55-63.

[32] Kirwan L J, Hartshorn A, Mcmonagle J B, et al. Chemistry of bauxite residue neutralisation and aspects to implementation [J]. International Journal of Mineral Processing, 2013, 119: 40-50.

[33] Thornber M R, Hughes C A. The mineralogical and chemical properties of red mud waste from the Western Australian alumina industry [J]. 1987.

[34] Burke I T, Peacock C L, Lockwood C L, et al. Behavior of aluminum, arsenic, and vanadium during the neutralization of red mud leachate by HCl, gypsum, or seawater [J]. Environmental Science & Technology, 2013, 47(12): 6527-6535.

[35] Harris M A, Rengasamy P. Sodium affected subsoils, gypsum, and green-manure: Interactions and implications for amelioration of toxic red mud wastes [J]. Environmental Geology, 2004, 45(8): 1118-1130.

[36] Xue S, Ye Y, Zhu F, et al. Changes in distribution and microstructure of bauxite residue aggregates following amendments addition [J]. Journal of Environmental Sciences, 2019, 78: 276-286.

[37] Jones B E, Haynes R J. Bauxite processing residue: A critical review of its formation, properties, storage, and revegetation [J]. Critical Reviews in Environmental Science and Technology, 2011, 41(3): 271-315.

[38] Wong J, Ho G E. Effects of gypsum and sewage sludge amendment on physical properties of fine bauxite refining residue [J]. Soil Science, 1991, 152(5): 326-332.

[39] Liu Z, Li H. Metallurgical process for valuable elements recovery from red mud—A review

[J]. Hydrometallurgy, 2015, 155: 29-43.

[40] Mishra B, Staley A, Kirkpatrick D. Recovery of value-added products from red mud [J]. Mining, Metallurgy & Exploration, 2002, 19(2): 87-94.

[41] Zhu X, Li W, Guan X. An active dealkalization of red mud with roasting and water leaching [J]. Journal of Hazardous Materials, 2015, 286: 85-91.

[42] Liu Z, Li H, Huang M, et al. Effects of cooling method on removal of sodium from active roasting red mud based on water leaching [J]. Hydrometallurgy, 2017, 167: 92-100.

[43] Zhong L, Zhang Y, Zhang Y. Extraction of alumina and sodium oxide from red mud by a mild hydro-chemical process [J]. Journal of Hazardous Materials, 2009, 172(2-3): 1629-1634.

[44] Santini T C, Kerr J L, Warren L A. Microbially-driven strategies for bioremediation of bauxite residue [J]. Journal of Hazardous Materials, 2015, 293: 131-157.

[45] Stumm W. Chemistry of the solid-water interface: Processes at the mineral-water and particle-water interface in natural systems [M]. John Wiley & Son Inc., 1992.

[46] Karita S, Nakayama K, Goto M, et al. A novel cellulolytic, anaerobic, and thermophilic bacterium, Moorella sp. strain F21 [J]. Bioscience, Biotechnology, and Biochemistry, 2003, 67(1): 183-185.

[47] Sugaya K, Tuse D, Jones J L. Production of acetic acid by Clostridium thermoaceticum in batch and continuous fermentations [J]. Biotechnology and Bioengineering, 1986, 28(5): 678-683.

[48] Nagpal S, Chuichulcherm S, Livingston A, et al. Ethanol utilization by sulfate-reducing bacteria: An experimental and modeling study [J]. Biotechnology and Bioengineering, 2000, 70(5): 533-543.

[49] Williams F S, Hamdy M K. Induction of biological activity in bauxite residue [M] Springer, 2016: 957-964.

[50] Krishna P, Reddy M S, Patnaik S K. Aspergillus tubingensis reduces the pH of the bauxite residue (red mud) amended soils [J]. Water, Air, and Soil Pollution, 2005, 167(1-4): 201-209.

[51] Babu A G, Reddy M S. Aspergillus tubingensis improves the growth and native mycorrhizal colonization of bermudagrass in bauxite residue [J]. Bioremediation Journal, 2011, 15(3): 157-164.

[52] Liao J, Jiang J, Xue S, et al. A novel acid-producing fungus isolated from bauxite residue: The potential to reduce the alkalinity [J]. Geomicrobiology Journal, 2018, 35(10): 840-847.

［53］Schmalenberger A，O Sullivan O，Gahan J，et al. Bacterial communities established in bauxite residues with different restoration histories ［J］. Environmental Science & Technology，2013，47(13)：7110-7119.

［54］Santini T C，Malcolm L I，Tyson G W，et al. pH and organic carbon dose rates control microbially driven bioremediation efficacy in alkaline bauxite residue ［J］. Environmental Science & Technology，2016，50(20)：11164-11173.

［55］李雅丹，朱书法，周鸣，等. 赤泥中水溶性氟化物的电渗析去除 ［J］. 环境工程学报，2020：1-12.

4 隐形的多金属矿山

赤泥中富含一定量的金属和非金属，甚至含有一定量的稀有金属，是非常宝贵的二次资源，因此研究其回收利用具有十分重要的意义。

表4-1中[1]列出了赤泥中典型元素的相对含量。从表4-1中可以看出，因铝土矿原料的差异，赤泥中除钠、铝、铁、钛等金属元素含量较高外，一般还可能含有镓、钪、钇和镧系元素等多种稀有元素，甚至还可能含有铀、钍等放射性元素。因此赤泥可被视为具有金属回收价值的二次资源。然而，由于金属元素赋存于复杂的矿相中，从赤泥中回收金属变得十分困难。从表4-2可以看出[2,3]，赤泥的物相组成包括赤铁矿、勃姆石、方钠石、石英、钙钛矿、针铁矿、钙霞石、黏土等。但是，细粒度和高碱度增加了从赤泥中回收金属的难度。尽管存在这些问题，仍有大量研究尝试从赤泥中提取有价金属。

表4-1 赤泥中典型元素的相对含量

主要元素	含量（质量分数）/%	微量元素	含量/mg·kg^{-1}	微量元素	含量/mg·kg^{-1}
Fe_2O_3	5～60	U	50～60	Mn	85
Al_2O_3	5～30	Ga	60～80	Y	60～150
SiO_2	3～50	V	730	Ni	31
Na_2O	1～10	Zr	1230	Zn	20
CaO	2～14	Sc	60～120	镧系元素	0.1%～1%
TiO_2	0.3～15	Cr	497	Th	20～30

表4-2 赤泥中典型物相组成

物相	含量（质量分数）/%	物相	含量（质量分数）/%
方钠石	4 ~ 40	云母	0 ~ 15
铝-针铁矿	1 ~ 55	方解石	2 ~ 20
赤铁矿	10 ~ 30	高岭石	0 ~ 5
磁铁矿	0 ~ 8	三水软铝石	0 ~ 5
二氧化硅	3 ~ 20	钙钛矿	0 ~ 12
铝酸钙	2 ~ 20	钙霞石	0 ~ 50
勃姆石	0 ~ 20	一水硬铝石	0 ~ 5
二氧化钛	2 ~ 15		

赤泥中含有赤铁矿和针铁矿，前者可占到90%以上，由于矿石性质和生产工艺的不同，不同赤泥中铁含量也有所变化。一般来讲，与烧结法和联合法相比，拜耳法赤泥铁含量较高，广西平果铝的拜耳法赤泥中铁含量可达23%以上；赤泥中钛含量丰富，主要以钙钛矿和铁与钛氧化物复合形式存在，中铝贵州分公司氧化铝厂产出的拜耳赤泥中 TiO_2 含量为5.67%，印度赤泥 TiO_2 含量更是高达24%，随着钛工业对钛资源需求的日益增大，赤泥作为一种富钛料，具有重要的综合回收意义；铝土矿是钪的主要潜在资源，目前193万吨的钪储量中，约有75% ~ 80%伴生在铝土矿中，其中98%的钪在氧化铝生产过程中富集于赤泥，其 Sc_2O_3 含量可达0.02%。

4.1 铁的回收

铁是赤泥中含量较高的元素之一，尤其是拜耳法高铁赤泥中，Fe_2O_3 含量在30%以上，其赋存矿物主要为赤铁矿 $\alpha\text{-}Fe_2O_3$，以及少量的针铁矿 $\alpha\text{-}FeOOH$ 和磁铁矿 Fe_3O_4。目前常用回收铁的方法有直接磁选法、直接还原法、焙烧-还原磁选法、酸浸回收法等[4-7]。

4.1.1 直接磁选法

考虑到赤泥中的铁主要以赤铁矿和针铁矿的形式存在，磁性较弱，因此采用高梯度磁选机从赤泥中直接磁选回收铁[8-12]。与火法冶金回收相比，通过直接磁选从赤泥中回收铁，可有效降低能源成本，同时保持钛和其他金属易于浸出。直接磁选工艺流程如图4-1所示。哈蒙德等人用高强度磁铁将铁与赤泥矿浆分离。产生的非磁性产品可用于建筑材料或返回到拜耳法工艺流程中，磁性产品可作为生铁的原料或陶器的颜料。然而，由于铁矿在赤泥中嵌布粒度过细，导致磁选效率低下。

图4-1　直接磁选工艺流程

4.1.2　直接还原法

火法工艺成熟、工业应用广泛，通常在高温下，添加还原剂和相应的辅助试剂[13-16]。还原剂还原赤泥中的铁等有价金属元素，辅助剂改变赤泥中氧化铁的物象，使铁氧化物从不易还原状态变成易还原状态，为还原反应提供有利条件，进而提取赤泥中铁元素。将赤泥、还原剂煤粉和添加试剂进行混合均匀后，在1350~1450℃的高温下进行还原，新生成的还原金属铁与碳和CO发生渗碳反应，从而降低铁的熔点。铁以珠铁的状态存在，有利于铁的分离和提取；高温有利于铁的还原，能使铁和渣较好的分离，分离后的铁珠直接作为炼钢的原料，其工艺流程如图4-2所示[9]。

图4-2　赤泥直接还原提铁工艺流程

王洪[17]采用基于直接还原熔分的珠铁工艺处理高铁赤泥，并通过热力学分析使用无烟煤作为还原剂、CaF_2作为添加剂，当赤泥与煤粉的配合比分别为85.6%和14.4%、添加剂为赤泥和煤粉总量的2%时，在1400℃条件下将含碳球团焙烧12min可实现渣铁分离，铁提取率为93%。

4.1.3　还原焙烧磁选法

氧化铝冶炼过程中，铝土矿中的铁元素几乎全部都进入到赤泥中，因此赤泥中含有一定量的铁。将弱磁性赤铁矿向强磁性磁铁矿或金属铁的转化可以提高铁的回收效率。采用煤炭做还原剂，使铁元素还原达到金属化，生成具有磁性的 Fe 和 Fe_3O_4 的海绵铁，然后进行磁选分离，其提取工艺如图4-3所示。

黄柱成等人[18]采用火法高温提取高铁赤泥中的铁，通过添加3%的$NaCO_3$和3%CaF_2，焙烧温度为1150℃，熔炼时间3h，使焙烧块的铁品位达到89.7%，回收率达到了91.15%。庄锦强[19]将赤泥与6%碳酸钠和6%硫酸钠混合，在1050℃温度条件下，反应60min，铁还原成金属铁。然后在弱磁场强度1000Gs条件下磁选得到铁品位90.16%的精矿，铁回收率可达94.95%。

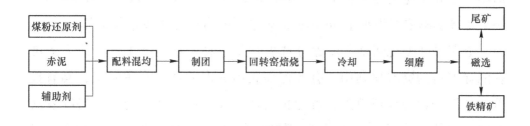

图 4-3　赤泥还原焙烧磁选提铁工艺流程

目前，东北大学针对传统难选铁矿石磁化焙烧技术与装备存在焙烧产品质量差、产能低、能耗高和环境污染严重等问题，创造性提出了一种"预热—蓄热还原—再氧化"悬浮磁化焙烧新工艺。使用悬浮磁化焙烧技术，可以在较低温度下使赤泥中的赤铁矿、褐铁矿等弱磁性铁矿物转变为强磁性的磁铁矿或磁赤铁矿，再利用矿物之间的磁性差异进行弱磁选分离，是从赤泥中回收铁矿物的有效技术。

针对高铁赤泥中铁含量高、矿物组成复杂、结晶粒度微细的特点，基于高铁赤泥蓄热还原磁化焙烧理念，对赤泥在新型悬浮磁化焙烧系统中分步进行加热与还原：赤泥在预先加热系统内完成蓄热，并将矿石中针铁矿等铁矿物转化为赤铁矿；在还原系统内利用赤泥颗粒自身蓄热将赤铁矿还原为磁铁矿，可实现物相转化的精准控制，并且同步活化有价组分。高铁赤泥悬浮磁化焙烧过程中不仅包括针铁矿、赤铁矿等铁矿物的分解、转化及还原相变，还存在钠、铝、硅等组分之间的化学反应。在悬浮磁化焙烧过程中，可以将赤泥中的游离碱固化，同时可以活化有价组分，降低含碱矿相溶解性，并将赤泥中含铝、硅相有效转化。

通过基础研究与技术攻关，形成了非均质赤泥颗粒悬浮态流动控制、蓄热式高效低温还原、铁物相精准调控与余热同步回收等一系列关键技术，建成了 100～500kg/h 赤泥悬浮磁化焙烧—高效分选半工业试验平台，2019 年针对山东魏桥赤泥开展了悬浮磁化焙烧实验室及半工业试验，稳定生产获得了焙烧产品强磁性矿物转化率大于 90%、精矿产率大于 90%、精矿铁品位大于 55%、铁回收率大于 95% 的分选指标。运行过程中，排出尾气中颗粒物实测浓度为 $7.43\,mg/m^3$，氮氧化物实测浓度为 $41\,mg/m^3$，一氧化碳实测浓度为小于 $3\,mg/m^3$，满足了国内相关环保标准要求。

赤泥悬浮磁化焙烧—弱磁分选提铁是一种全新的技术，可使大量堆存的赤泥得到资源化利用，有效提高我国赤泥的回收利用效率，具有显著的经济和社会环境效益，可为我国乃至世界铝工业的健康可持续发展提供重要技术支撑[20]。赤泥悬浮磁化焙烧半工业系统示意图如图4-4所示。

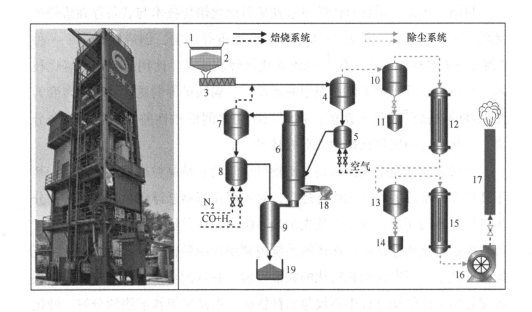

图4-4　悬浮磁化焙烧系统示意图

1—筛子；2—给料仓；3—螺旋给料器；4—预热器；5—锁气阀；6—悬浮焙烧炉；7—旋风分离器；

8—还原反应器；9—冷却器；10——级除尘；11—1 号灰槽；12—P 一级冷却器；13—二级除尘；

14—2 号灰槽；15—二级冷却器；16—罗茨风机；17—烟囱；18—燃烧站；19—焙烧产品

4.1.4　酸浸法

浸出法是根据赤泥中金属元素与酸碱溶液的不同反应特征，进行金属元素与赤泥的分离，或者实现不同金属元素间的分别浸出。使用酸将金属元素浸出，然后对金属元素浸出液进行沉淀反应，对沉淀后的金属化合物进行干燥，从而得到各种有机及稀有元素的金属产品。浸出法具有悠久的历史，技术简单、操作方便。赤泥中含有大量的碱类物质，需对赤泥或者火法提铁后的赤泥进行脱碱处理，去除所含有的 Na_2O 和 K_2O 等碱类物质，为后续的其他有价金属元素提取做好准备，避免进入其他杂质，提高提取产品的纯度。通过添加石灰，使含水硅铝酸钠生成溶解度更低的含水硅铝酸钙，含水硅铝酸钾生成含水硅铝酸钙，进而实现赤泥中钠和钾的碱性元素分离，为后续酸洗浸出提供有利条件。反应机理如下：

$$Na_2O \cdot Al_2O_3 \cdot 2SiO_2 \cdot xH_2O + Ca(OH)_2 \longrightarrow$$
$$CaO \cdot Al_2O_3 \cdot 2SiO_2 \cdot xH_2O + 2NaOH \tag{4-1}$$

$$K_2O \cdot Al_2O_3 \cdot 2SiO_2 \cdot xH_2O + Ca(OH)_2 \longrightarrow$$
$$CaO \cdot Al_2O_3 \cdot 2SiO_2 \cdot xH_2O + 2KOH \tag{4-2}$$

铁的化学活性较高，极易与酸反应。对于含铁量较低的赤泥或经过火法提铁后的高铁赤泥，铁元素在第一次盐酸浸出时几乎全部都进入溶液中，铁离子作为浸出液的杂质，需要通过 TBP 萃取去除，然后通过蒸发结晶，提取溶液中铁元素，通过煅烧得到晶体 Fe_2O_3，反应机理如下。

酸浸： $$FeO + 2HCl \longrightarrow FeCl_2 + H_2O \tag{4-3}$$

蒸发： $$4FeCl_2 + 3O_2 + 6H_2O \longrightarrow 4Fe(OH)_3 + 8HCl \tag{4-4}$$

煅烧： $$Fe(OH)_3 \longrightarrow Fe_2O_3 + H_2O \tag{4-5}$$

萃取液 TBP 经过反萃取后，可以循环利用。煅烧后的氧化铁可以作为铁矿石烧结添加料，进而提高烧结矿中总铁含量，提高烧结质量。赤泥经过脱碱和二次酸洗浸出后，其主要成分为 SiO_2，并含有一定的 CaO、Al_2O_3、Fe_2O_3 等，可以替代水泥生产的部分原料，用来生产硅酸盐水泥。配比达到15%时，即可获得主要矿物组成为硅酸三钙（C3S）的高标号水泥熟料。

李亮星[21]采用低浓度的盐酸浸出赤泥当中的铁。盐酸浸出工艺最佳参数为：盐酸浓度为 2.0mol/L，盐酸过量15%，浸出时间为 2.5h，搅拌速度 400r/min，铁的浸出率可以达到 95.6%。通过 N235 萃取回收浸出液中的 Fe，用 20% N235 + 30% 仲辛醇 + 50% 煤油萃取体系，相比 O/A =

1 : 1，振荡混合时间 15min，经单级萃取，负载有机相含铁 12.06g/L，铁的萃取率可以达到 99% 以上。然后用 0.1mol/L 的稀盐酸反萃有机相提取铁，在相比 O/A = 2 : 1 的条件下，经单级反萃，反萃后液含铁 18.12g/L，铁的反萃率为 75%。

4.1.5　微生物浸出法

相比较于高温冶金、湿法冶金这些传统方法，生物冶金处理赤泥具有经济实用型。在生物浸出中，金属的回收是利用微生物进行的。通常在生物浸出过程中使用两种微生物：真菌和细菌，细菌不能在高 pH 值下存活，因此不适合对赤泥进行生物浸出处理；而真菌可以在高 pH 值下使用，并在有机介质中排泄蛋白质、氨基酸和有机酸等代谢物。在生物浸出过程中，利用丙酮酸、腐殖酸、草酸、苹果酸、柠檬酸等羧酸进行有机酸络合，可以提高铁化合物的溶解度。Laguna 采用混合细菌培养法研究了 pH 值大于 7 时铁的溶解。该研究介绍了一种多步骤的铁回收工艺，即先对铁进行生物浸出，再进行酸浸，最后利用酸性废物降低 pH 值。这一过程的主要优点是通过分离回收其他矿物以及减少废物的产生来降低成本。生物浸出法回收有价金属是一种有吸引力的绿色回收方法，但该方法的缺点是轻稀土元素回收率低，且主要元素溶出度较低。此外，赤泥的 pH 值较高，可能会限制生物浸出过程中氧化铁的回收，因此仍需要大量的研究来证明生物浸出技术是一种高效、经济的处理赤泥的技术。

4.1.6　电化学还原法

Ahamed 等人开发了一种在强碱性介质下从赤泥中制备电解铁的方法，如图 4-5 所示[22]。主要步骤如下：将赤泥分散于 12.5mol/L 的 NaOH 电解液中，在电化学电池中进行恒流铁电沉积实验。通过改变赤泥的固液比和杂质含量，优化电解铁的产率和感应电流的产量。当电流密度达到 1000A/m² 时，赤铁矿可以被还原为铁，此时电流效率超过 80%；当电流密度低至 50A/m² 时，电流效率达到最大，然后随着电流密度降低，电流效率逐渐降低；当电流密度达到 $1000A/m^2$ 时，赤泥电流效率下降到 20%。在以上提到的电流密度条件中，沉积物中都含有大于97%的金属铁。这个方法的缺点是，由于在电还原过程中赤泥颗粒会吸附在电极上，导致赤泥的还原效率远远低于赤铁矿。

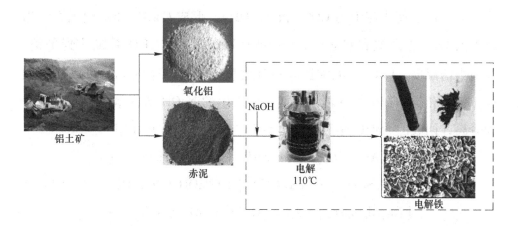

图 4-5　电化学还原提铁示意图

4.2　铝的回收

通过碳酸钠碱性焙烧和高温湿法冶金可以从赤泥中回收铝。在高温湿法冶金过程中，赤泥中的铝可以在高碱度（$Na_2O:Al_2O_3$ 的摩尔比 > 10）和高温（ > 260℃）的高压釜中浸出。但是，由于浸出溶液中的氧化铝浓度低以及高温下的设备腐蚀问题，该方法尚未工业化。

4.2.1　碱石灰烧结法

碱性焙烧是最常见的铝提取工艺。在此过程中，通过将赤泥与碳酸钠（Na_2CO_3）充分混合并在 800~1200℃ 的温度下煅烧，然后用水浸出，可以将氧化铝转化为铝酸钠（可溶性）。焙烧系统中发生的主要反应如下：

$$Na_2CO_3 \rightleftharpoons Na_2O + CO_2 \tag{4-6}$$

$$Al_2O_3 + Na_2O \rightleftharpoons 2NaAlO_2 \tag{4-7}$$

$$SiO_2 + Na_2O \Longrightarrow Na_2SiO_3 \qquad (4-8)$$

$$SiO_2 + CaO \Longrightarrow CaSiO_3 \qquad (4-9)$$

$$Fe_2O_3 + Na_2O \Longrightarrow 2NaFeO_2 \qquad (4-10)$$

$CaO/Ca(OH)_2$ 可用于去除方钠石和斜晶石中的 Na_2O（式（4-11）和式（4-12））。使赤泥中的 CO_3^{2-} 和 $Al(OH)_4^-$ 形成 $CaCO_3$ 和水铝钙石。当添加的 CaO 达到饱和状态时，$CaO-Na_2O-Al_2O_3-SiO_2-H_2O$ 系统达到平衡。在适当的温度，CaO/赤泥配比和搅拌强度下，石灰中的 Ca^{2+} 可以部分取代方钠石和斜晶石中的 Na^+。置换反应产生的 NaOH 进入溶液，通过洗涤和分离，回收的 NaOH 返回到氧化铝生产过程中以重复使用。

$$[Na_6Al_6Si_6O_{24}] \cdot [2NaOH] + 6CaO + 6H_2O \longrightarrow$$
$$[Ca_3Al_6Si_6O_{24}] \cdot [Ca(OH)_2] + 8NaOH + 2Ca(OH)_2 \qquad (4-11)$$
$$[Na_6Al_6Si_6O_{24}] \cdot 2[CaCO_3] + 6CaO + 6H_2O \longrightarrow$$
$$[Ca_3Al_6Si_6O_{24}] \cdot 2[CaCO_3] + 6NaOH + 3Ca(OH)_2 \qquad (4-12)$$

为了增加产品附加值，中南大学胡岳华、孙伟教授团队对碱石灰烧结法进行了改进，设计了新的钠、铝、铁综合回收利用工艺路线。设计思路为：尖晶石型铁酸盐是一种磁性功能材料，其化学通式为 $MeFe_2O_4$（Me 为金属离子），在电子、催化、环保、耐火材料等方面有广泛应用。通常，这些铁酸盐由混合氧化物、氢氧化物或碳酸盐在 $600 \sim 1100℃$ 反应合成。这一温度范围与生成铝酸钠的温度范围相似。如能在回收钠和铝的同时，综合利用赤泥中的铁元素合成尖晶石型铁酸盐，对赤泥综合利用提高产品附加值具有重要意义。基于以上基本思想，设计拜耳法赤泥脱碱提铝同步合成镁铁尖晶石新工艺，如图4-6所示。设计流程通过添加碳酸钠、碳酸钙和氧化镁，在烧结过程中分别和赤泥中氧化铝、二氧化硅和氧化铁反应，生成铝酸钠、原硅酸钙和镁铁尖晶石。因铝酸钠易溶于水或稀碱溶液，而镁铁尖晶石具有磁性，故可以分别通过碱浸和磁选回收，从而达到拜耳法赤泥脱碱提铝同步合成镁铁尖晶石的目的。

为分析烧结熟料浸出前后的元素变化，对烧结浸出实验获得的最优条

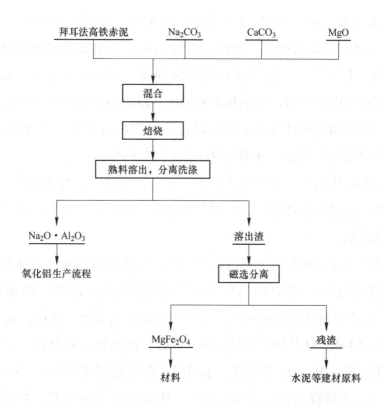

图 4-6 拜耳法赤泥钠、铝、铁综合回收利用新型工艺路线

件下的烧结熟料和浸出渣及赤泥原样进行了元素分析，其主要元素 XRF
分析结果见表 4-3。

表 4-3 烧结熟料浸出前后主要化学组成 （％）

样品	Na	Al	Si	Ca	Fe	Mg
赤泥	6.65	11.82	6.32	3.72	28.19	0.12
熟料	15.90	9.82	2.85	9.11	14.68	0.48
浸出渣	0.44	3.23	5.42	19.90	30.89	1.98

由表 4-3 可知，因混合生料为赤泥配入碳酸钙、碳酸钠和氧化镁所
得，与原赤泥样相比，烧结熟料中钠含量由 6.65％ 提高至 15.90％，钙含
量由 3.72％ 提高至 9.11％，镁含量由 0.12％ 提高至 0.48％。相应地，其

他主要成分铝、硅、铁含量分别由 11.82%、6.32% 和 28.19% 降至
9.82%、2.85% 和 14.68%。经碱溶液浸出后，浸出渣中钠和铝含量分别
降至 0.44% 和 3.23%，钙含量升高到 19.90%，硅含量升高至 5.42%，但
仍低于原赤泥中硅含量。因钠和铝的溶出，浸出渣中硅含量本应较原赤泥
中升高，现浸出渣中硅含量不升反降说明了浸出过程中硅也有部分溶出。
铁和镁含量都有所升高，分别为 30.89% 和 1.98%。

通过改进传统碱石灰烧结法工艺，在混合生料中添加氧化镁，将赤泥
作为铁源，通过固相烧结的方法制备出镁铁尖晶石磁性产品，同时回收了
赤泥中钠和铝。

对最佳条件下获得的熟料浸出渣经简单磁选获得的磁性产品的基本性
质进行简要分析，其中磁选使用的设备为湿式磁选管，磁场强度为
800mT。实验对磁选获得的磁性产品的主要化学组成做了分析，其 XRF 分
析结果见表4-4。XRF 测试结果表明，磁性产品主要元素为 Fe，也含有 Ca
和少量 Ti、Si、Al、Mg 等元素。其中 Fe 含量达到 37.73%；Mg 含量为
2.53%；Ca 含量也较高，为 16.80%；其他元素含量较低，特别是 Na，
含量只有 0.27%。

表4-4　磁性产品主要化学组成（质量分数）　　　　（%）

样品	Na	Al	Si	Ca	Ti	Fe	Mg
磁选精矿	0.27	3.05	3.88	16.80	4.50	37.73	2.53

为分析磁性产品的主要物相组成，实验对磁性产品进行了 XRD 测试，
发现镁铁尖晶石精矿中的主要物相为 $MgFe_2O_4$，即镁铁尖晶石，杂质组分
主要为 $CaTiO_3$、Ca_2SiO_4 等。磁性产品的饱和磁化强度约为 $11.03 \times 10^3 A/m$。
磁性产品基本性质分析发现，磁性产品含碱低，主要物相为镁铁尖晶石、
原硅酸钙、钛酸钙等，其磁性物质主要为镁铁尖晶石，但由于其嵌布粒度
较细，目前的简单分离未能获得较高纯度的镁铁尖晶石。基于磁性产品的
以上性质，可将其作为耐火蓄热材料的填充料，用于磁性吸附材料等领

域；同时，镁铁尖晶石颗粒边界清晰，若后续采用细磨—强磁选工艺，有望获得纯度更高的镁铁尖晶石，可将其作为高品质炼铁原料，或是精细化工领域催化剂及反腐颜料等，进一步提高产品附加值。

4.2.2 钙化—碳化法

近年来，已经形成了一些赤泥提铝的新技术，例如水热石灰法、常压石灰法、石灰—苏打烧结法和钙化—碳化联合法[23,24]。东北大学张廷安教授团队提出了采用钙化—碳化法处理赤泥，在回收赤泥中的氧化铝和碱的同时，获得一种碱含量极低的赤泥渣，可作为生产建材的原料或土壤直接使用，达到赤泥全量化利用的目的。拜耳法生产氧化铝的过程中，拜耳法赤泥的平衡结构为水合硅铝酸钠 $Na_2O \cdot Al_2O_3 \cdot nSiO_2 \cdot xH_2O(n \leqslant 2)$，其中 Al_2O_3 和 SiO_2 的质量比约为 $1:1$，钠硅比约为 $0.608:1$。因此，如果不能改变赤泥的平衡结构，拜耳法生产氧化铝时赤泥中必然存在碱和铝，无法实现氧化铝的清洁生产。

张廷安教授带领团队从改变赤泥平衡结构的角度入手，历经 15 年的不懈努力，发明了钙化—碳化法处理拜耳法赤泥和中低品位铝土矿新技术，针对该技术的各个环节形成了一系列专利。如图 4-7 所示，首先通过

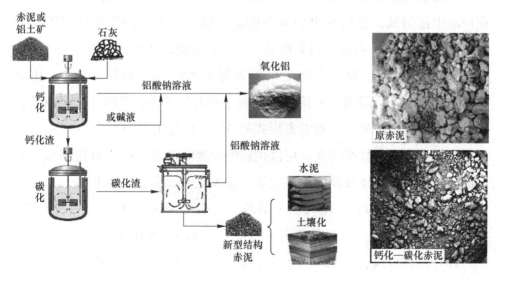

图 4-7　钙化—碳化工艺流程

钙化处理使铝土矿/赤泥中的硅全部进入水化石榴石中得到钙化转型渣，即钙化转型；其次使用 CO_2 对钙化转型渣进行碳化处理，得到组成为硅酸钙、碳酸钙以及氢氧化铝的碳化转型渣，即碳化转型；最后将碳化转型渣低温溶铝提取铝后，得到组成为硅酸钙和碳酸钙的新型结构赤泥，即溶铝过程。该方法得到的新型结构赤泥理论上不含碱和铝，完全可用于水泥工业之中或直接进行土壤化处理。

4.3　钛的回收

钛被认为是一种稀有金属，其在自然界中分布过于分散且难于提取。赤泥中存在大量的钛资源，在我国，赤泥中钛约占 4% ~ 12%。赤泥中钛的赋存状况比较复杂，并不是以单一的矿物形式存在，而是多种矿物共存。由于赤泥是铝土矿在强碱性介质及高温条件下排出的尾渣，其中的钛多以钙钛矿和板钛矿的形式存在，结构稳定，故利用火法焙烧法和湿法浸出法这两种方法能够将赤泥中的钛进行回收。

4.3.1　焙烧处理—浸出法

焙烧预处理工艺首先利用烧结法将赤泥中的铁、铝、硅等金属除去，在炉渣中富集钛，然后滤出炉渣中的钛，钛渣再由酸浸出富集。Piga 等人[25]把赤泥、煤、石灰、碳酸钠混合在一起研磨，研磨后的粉末在 800 ~ 1000℃下进行烧结，烧结产物在 65℃温度下水浸 1h，得到水浸渣，用硫酸再对水浸渣进行浸出，可将钛的回收率提高至 73% ~ 79%。盐酸对钙、铁、钠的浸出作用最大，对游离形式的 Al_2O_3 的浸出率为 10% ~ 12%。矿渣中富集不溶于稀盐酸的钛，可以用碳酸钠焙烧的方法除去氧化铝和二氧化硅，从而得到纯度较高的二氧化钛。相关化学反应公式如下：

Al_2O_3 焙烧反应：　　　$Na_2CO_3 + Al_2O_3 \longrightarrow 2NaAlO_2 + CO_2$　　　(4-13)

SiO_2 焙烧反应：　　　$Na_2CO_3 + SiO_2 \longrightarrow Na_2O \cdot SiO_2 + CO_2$　　　(4-14)

TiO_2 焙烧反应：　　　$Na_2CO_3 + TiO_2 \longrightarrow Na_2O \cdot TiO_2 + CO_2$　　　(4-15)

铝酸钠和硅酸钠均可溶于水，而钛酸钠不溶于水，通过固液分离，即达到了富集钛的目的。有研究者提出用碳酸钠浸出赤泥，会产生白泥，这种白泥富含钛，然后利用硫酸对白泥进行酸化，这样可以增加金属的回收率。

火法冶金学是由外国学者提出的，早在几年前，已经有相对成熟的技术。这种方法有优势也有不足，火法冶金能够将铁、铝、钛、钪等金属进行分步回收；但这种方法对能源的消耗大，化学反应过程多而杂，还会产生废气等二次污染，对生态环境不利。

4.3.2 直接酸浸法

直接酸浸法通常将赤泥直接进行酸浸，再将所得的化合物用溶剂萃取，然后进行化合物的沉淀，最后进行煅烧，这个过程比较简单，并且在这个过程中产生的污染物比较少，既节能又环保。

赤泥与盐酸浸出反应过程的实质主要是赤泥中的 Fe_2O_3、CaO、Na_2O、Al_2O_3 等成分与盐酸反应而溶解到溶液中，而赤泥中的二氧化钛不溶于盐酸进入渣中，从而将二氧化钛提取出来。其主要反应方程如下：

$$Fe_2O_3 + 6HCl \longrightarrow 2FeCl_3 + 3H_2O \tag{4-16}$$

$$CaO + 2HCl \longrightarrow CaCl_2 + H_2O \tag{4-17}$$

$$Na_2O + 2HCl \longrightarrow 2NaCl + H_2O \tag{4-18}$$

$$Al_2O_3 + 6HCl \longrightarrow 2AlCl_3 + 3H_2O \tag{4-19}$$

姜平国等人采用的直接酸浸工艺如下：一次盐酸浸出，除杂富集钛；二次硫酸浸出，回收钛。研究结果表明，一次盐酸浸出过程，终点 pH 值为 3 时，脱钙率可达到 80%；二次硫酸浸出过程，在硫酸浓度 6mol/L、浸出温度 80~95℃、浸出时间 3h、搅拌速度 100r/min 的条件下，钛的浸出率达 80% 以上。但是二次硫酸浸出时，赤泥中的硅酸盐容易变成硅胶，影响沉淀过滤，而且硅胶具有吸附作用，容易造成钛的损失。

4.4 钪的回收

钪在钪钠灯、太阳能光电池、γ 射线源方面应用广泛，同时也在合金工业、陶瓷材料、催化化学、核能工业、燃料电池、农业育种等领域发挥重要作用。赤泥被认为是稀土元素生产的二次资源,尤其是钪。赤泥中的钪根据铝土矿的性质和加工工艺的不同,含量在 0.004% ~ 0.01% 之间。一般情况下,若矿石中的钪含量在 0.002% ~ 0.005% 之间,即可以视作重要的钪资源。铝土矿中钪的含量一般不超过 0.004%,而赤泥经提铝后钪含量可富集至 0.01% 以上。因此,从赤泥中富集钪极具前景。

铝土矿中含有大量的稀土元素钪,铝土矿经过提炼后,98% 的钪元素富集于赤泥中,从赤泥中提取钪元素是目前的研究热点。由于钪元素非常活泼,只能采用湿法工艺进行浸出萃取。反应机理如下:

浸出反应:

$$Sc_2O_3 + 6HCl \longrightarrow 2ScCl_3 + 3H_2O \qquad (4-20)$$

$$Sc_2O_3 + 3H_2SO_4 \longrightarrow Sc_2(SO_4)_3 + 3H_2O \qquad (4-21)$$

萃取反应:

$$ScCl_3 + 3NaOH \longrightarrow Sc(OH)_3 + 3NaCl \qquad (4-22)$$

$$Sc_2(SO_4)_3 + 6NaOH \longrightarrow 2Sc(OH)_3 + 3Na_2SO_4 \qquad (4-23)$$

煅烧反应:

$$2Sc(OH)_3 \longrightarrow Sc_2O_3 + 3H_2O \qquad (4-24)$$

将赤泥先后用硫酸、水浸出,然后用磷酸二辛酯(P2O4)+伯辛醇+磺化煤油进行萃取,用 NaOH 进行反萃,之后加入盐酸、草酸,得到草酸钪,将草酸钪煅烧后得到白色氧化钪粉末,钪回收率大于 80%;也可先将赤泥还原熔炼产生铁和铝钙渣,把铝钙渣用碳酸钠溶液浸出,形成白泥,再从白泥中用盐酸回收钪,得到纯度大于 99.7% 的钪,钪回收率为 60% ~ 80%。

4.5 其他稀有金属元素的回收

赤泥存在的其他稀有金属元素钒、镓、锆等在制造特种钢、超硬质合金和耐高温合金,电气工业、化学工业、陶瓷工业、原子能工业及火箭技术等方面有着重要作用。

钒是地球上广泛分布的微量元素,其含量约占地壳构成的0.02%。但钒的分布太分散了,几乎没有含量较多的矿床[26]。赤泥中富含钒,钒通常在赤泥渗滤液中的浓度大约为1.2~15.6mg/L。Helena等人使用阴离子交换树脂从高碱性(pH=11.5)赤泥浸出液中回收钒(V),再用NaOH溶液将树脂中的钒洗脱,最终可将76%的钒从赤泥渗滤液中回收。

镓在地壳中的浓度很低。其含量约占地壳构成的0.0015%。它的分布很广泛,但不以纯金属状态存在。时下世界上90%以上的原生镓都是在生产氧化铝过程中提取的,通过提取金属镓增加赤泥的附加值,提高了氧化铝的品质,降低了赤泥的污染,非常符合当前低碳经济以最小的自然资源代价获取最大利用价值的原则。采用焙烧活化对赤泥预处理后使用氢氧化钠溶液对赤泥中的镓进行浸出,并引入微波对碱浸过程进行强化,经多次循环浸出及浓缩后用螯合树脂进行富集,最后电解回收的赤泥中的镓总回收率约为38.76%。柯胜男用稀硫酸酸浸赤泥后,使用TBP为萃取剂,以NH_4Cl为反萃取进行镓富集,对反萃液进行酸碱中和后电解,该工艺从赤泥中富集镓的回收率约为36%。

从赤泥中还可回收钇、铀、钍等其他稀有金属。Ochsenkuehn-Petropulu等人[27]采用不同浓度的盐酸、硫酸、硝酸浸出赤泥。在25℃、浸出浓度0.5mol/L、浸出时间24h、固液比1:50条件下,采用硝酸浸出赤泥,钪、钇、重稀土元素[镝(Dy)、铒(Er)、镱(Yb)]、中稀土元素[钕(Nd)、钐(Sm)、铕(Eu)、钆(Gd)]和轻稀土元素[镧(La)、铈(Ce)、镨(Pr)]的浸出率分别为80%、90%、70%、50%和30%,但盐酸、硫酸浸出效果与其相差不大,由于硝酸具有强腐蚀性,为了安全和降低成本,实际生产工艺可采用盐酸或硫酸替代。

Smirnov等人[28]采用树脂从赤泥矿浆中回收富集钪、铀、钍。通过将赤泥矿浆与树脂在硫酸介质中均匀混合,经筛网过滤和逆流吸附,钪、铀、钍等元素被选择性吸附于树脂中,回收率分别达到50%、96%、17%。王帅帅等人[29]用硫酸浸出工艺回收钇,取得很好的效果,在最佳工艺条件:赤泥粒度为0.106mm,反应温度为85℃,液固比为4:1,酸浓度为10%,钇的浸出率可达80%以上。

虽然从赤泥当中提取有价金属已取得了一定的进展，但仍然存在许多问题。其中最大的问题依然是赤泥中有价金属的回收利用很大程度上仅限在实验室内完成。由于生产氧化铝所用的矿石不同，元素含量也存在一定差异，从而在一定程度上限制了从赤泥中提取有价金属的广泛性。因此，需要寻求更为经济有效且用途广泛的方法，使赤泥中有价金属提取的相关工艺得到进一步的大规模使用，实现真正意义上的可持续发展。

参 考 文 献

[1] 范艳青，朱坤娥，蒋训雄. 赤泥中铁资源的回收利用研究 [J]. 有色金属（冶炼部分），2019(9)：72-76，102.

[2] 武国娟. 赤泥中铁磁选回收方法的研究 [J]. 科学与财富，2019(27)：282.

[3] 邵国强，谢朝晖，闫冬，等. 强磁选和流态化磁化焙烧联合工艺回收赤泥中的铁 [J]. 中国粉体技术，2019，25(6)：1-6.

[4] 雷清源，周康根，何德文，等. 赤泥中钪和钛的回收研究进展 [J]. 矿产保护与利用，2019，39(3)：15-20.

[5] 宁凌峰，何德文，陈伟，等. 赤泥中硫酸选择性浸出铁、钪及动力学研究 [J]. 矿冶工程，2019，39(3)：81-84，88.

[6] 薛真，薛彦辉，王力. 拜耳法赤泥中铝铁的盐酸浸出过程研究 [J]. 矿产综合利用，2018(6)：139-143.

[7] 柳晓，高鹏，韩跃新，等. 山东某高铁赤泥工艺矿物学研究 [J]. 东北大学学报（自然科学版），2019，40(11)：1611-1616.

[8] 顾汉念，郭腾飞，马时成，等. 赤泥中铁的提取与回收利用研究进展 [J]. 化工进展，2018，37(9)：3599-3608.

[9] 齐川. 赤泥中有价金属提取的进展 [J]. 轻金属，2019(6)：6-10，49.

[10] 戴剑，陈平，刘荣进，等. 利用赤泥研制铁铝酸盐水泥及掺钡活化研究 [J]. 非金属矿，2018，41(4)：90-92.

[11] 于水波，董菲，杨晓玲. 赤泥综合利用的工业化方法简述 [J]. 中国金属通报，2019

（4）：192-193.

[12] 王璐，郝彦忠，郝增发. 赤泥中有价金属提取与综合利用进展［J］. 中国有色金属学报，2018，28(8)：1697-1710.

[13] 柳晓，韩跃新，李艳军，等. 山东某赤泥磁化焙烧—磁选提铁初探［J］. 金属矿山，2019(2)：60-65.

[14] 李韶辉，高建阳，曹志诚，等. 拜耳法赤泥转底炉还原炼铁试验研究［J］. 有色冶金节能，2018，34(3)：41-44.

[15] Liu Y，Naidu R. Hidden values in bauxite residue（red mud）：Recovery of metals［J］. Waste Manag，2014，34：2662-2673.

[16] Hammond K，Mishra B，Apelian D，et al. CR3 communication：Red mud—A resource or a waste［J］. Jom-Us，2013，65(3)：340-341.

[17] 王洪，王静松，刘江，等. 基于直接还原熔分的高铁赤泥综合利用试验研究［J］. 轻金属，2013(1)：19-22.

[18] 黄柱成，蔡凌波，张元波，等. Na_2CO_3 和 CaF_2 强化赤泥铁氧化物还原研究［J］. 中南大学学报（自然科学版），2010，41(3)：838-844.

[19] 庄锦强. 高铁氧化铝赤泥中铁的回收技术研究［D］. 长沙：中南大学，2012.

[20] Wang R，Liu Z G，Chu M S，et al. Modeling assessment of recovering iron from red mud by direct reduction：Magnetic separation based on response surface methodology［J］. Journal of Iron and Steel Research International，2018，25：497-505.

[21] 李亮星. 从赤泥中回收铁钛的工艺研究［D］. 赣州：江西理工大学，2009.

[22] Abdoulaye Maihatchi Ahamed，Marie-Noëlle Pons，Quentin Ricoux，et al. Production of electrolytic iron from red mud in alkaline media［J］. Journal of Environmental Management，2020，266：110547.

[23] Khairul M A，Zanganeh J，Moghtaderi B. The composition，recycling and utilisation of bayer red mud［J］. Resour Conserv Recycl，2019，141：483-498.

[24] Wang Y，Zhang T A，Lyu G，et al. Recovery of alkali and alumina from bauxite residue（red mud）and complete reuse of the treated residue［J］. J Clean Prod，2018，188：456-465.

[25] Piga L，Pochetti F，Stoppa L. Recovering metals from red mud generated during alumina production［J］. JOM，1993，45：54-59.

[26] Gomes H I，Jones A，Rogerson M，et al. Vanadium removal and recovery from bauxite residue leachates by ion exchange［J］. Environ Sci Pollut Res，2016，23(2)：23034-23042.

[27] Ochsenkuehn-Petropulu M，Lyberopulu T，Ochsenkuehn K M，et al. Recovery of lanthanides

and yttrium from red mud by selective leaching [J]. Analytica Chimica Acta, 1996, 319: 249-254.

[28] Smirnov D I, Molchanova T V. The investigation of sulphuric acid sorption recovery of scandium and uranium from the red mud of alumina production [J]. Hydrometallurgy, 1997, 45(3): 249-259.

[29] 王帅帅, 陈肖虎, 李名新. 从赤泥中浸出微量元素钇的工艺研究 [J]. 轻金属, 2016: 15-18.

5 赤泥基建筑材料

赤泥含有大量的 Al_2O_3、Fe_2O_3、CaO 和 SiO_2 等氧化物，这些物质是建筑材料的重要化学成分；同时赤泥中含有一定量的活性二氧化硅和氧化铝，这些成分使得赤泥具有一定的活性[1]，特别是烧结法的赤泥中含有 50% 以上的斜硅钙石（β-2CaO·SiO_2），可以直接用于建筑材料[2]。

5.1 水泥

普通硅酸盐水泥通常是由石灰石、石英、铁矿石、黏土或铝土矿的混合物烧制而成，其烧制流程如图 5-1 所示。一方面，赤泥中含有大量的 Fe_2O_3、CaO、Al_2O_3 和 SiO_2 等氧化物，为水泥熟料的制备提供了必要的化

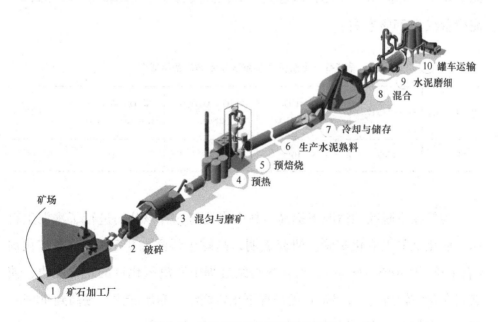

图 5-1 普通硅酸盐水泥的制备流程

学成分；另一方面，赤泥中含有一定量的无定形硅铝酸盐，这些物质可以在煅烧过程中转化为活性 SiO_2 和 Al_2O_3，使得赤泥具有一定的胶凝性能。赤泥中的碱性物质可以降低熔点，降低能耗，同时为水泥生产提供适宜的环境[1]。国内氧化铝厂针对赤泥生产水泥进行了许多研究并取得了一定的成果。

虽然赤泥中含有一些活性 SiO_2 和 Al_2O_3，但这些物质的活性含量低于普通硅酸盐水泥，因此仅使用赤泥生产的水泥的力学性能不如普通硅酸盐水泥。通常将赤泥与石膏、高炉矿渣、粉煤灰、煤矸石、石灰等物质协同作用以解决胶凝性能不足的问题。

中国铝业山东分公司，作为我国赤泥利用率最大的氧化铝厂，早在1958年就采用湿法生产工艺，以烧结法赤泥、石灰石尾矿等作为主要原料，配入5%的石膏及不大于15%的活性混合材，共同生产普通硅酸盐水泥[3]，山东铝业烧结法赤泥的矿物组成见表5-1，水泥的制备工艺流程如图5-2所示。该硅酸盐水泥强度达 48～52MPa，可完全满足普通425R水泥的要求[3]。但由于赤泥含碱量高，赤泥的配比受水泥含碱指标制约，赤泥掺量仅为25%左右。

表5-1　山东铝业烧结法赤泥的矿物组成[4]　　　　　　（%）

$2CaO \cdot SiO_2$	$Fe_2O_3 \cdot xH_2O$	$3CaO \cdot Al_2O_3 \cdot xSiO_2 \cdot yH_2O$	$Na_2O \cdot Al_2O_3 \cdot 2SiO_2$	$Na_2O \cdot Al_2O_3 \cdot 1.75SiO_2 \cdot 2H_2O$	$CaO \cdot TiO_2$
45～55	4～7	5～10	3～8	5～15	2～15

为了在不脱碱的情况下提高生料中赤泥配比，该公司进行了水泥生料添加矿化剂的工业化实验。研究表明，高碱生料添加0.5%的萤石矿化剂（含 CaF_2 为 40%～60%），可促进烧结过程中游离氧化钙的正常吸收，使熟料在含碱较高（<1.8%）的情况下正常烧结，赤泥配比可提高到 40%～45%，该技术于20世纪80年代初成功应用于生产[5]。

山东铝厂自 1964 年开始用赤泥配料生产普通硅酸盐水泥,至 1997 年已经生产水泥 2000 多万吨,综合利用赤泥 600 多万吨,到目前为止生产水泥是综合利用赤泥量最大的方式[6]。其中赤泥配比年平均为 20% ~ 38%,赤泥利用量为 200 ~ 420kg/t,产出赤泥的综合利用率 30% ~ 55%。

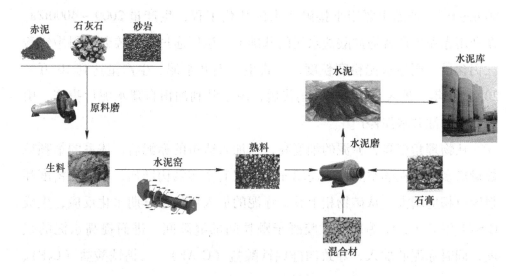

图 5-2 普通硅酸盐水泥的制备流程

但湿法工艺的能耗大、成本高,随着水泥工业的技术进步,利用干法工艺取代湿法逐渐成为可能。同时该厂攻克了赤泥脱碱难题,成功将赤泥结合碱由 2.5% ~3.5% 降至 1.0% 以下。2003 年公司首条 3000t/d 新型干法水泥熟料生产线建成投产,取代了原湿法水泥生产线。以烧结法、联合法赤泥为原料生产水泥,可提高赤泥配比,使赤泥配料提高到 45%,并提高水泥质量,由以生产 425 号普通水泥为主,提高到以生产 525 号水泥为主[7,8]。

中国铝业广西分公司于 2015 年开始修建 1 条 3200t/d 熟料新型干法水泥生产线,以及 1 条 6600t/d 熟料新型干法水泥生产线。项目建成后,每年可消化公司排放的赤泥、石灰石废渣、粉煤灰、炉渣、脱硫石膏等工业废渣 102 万吨。

郑州轻金属研究院成功利用联合脱碱赤泥用作活性混合材料生产水泥，克服了其他混合材料水泥凝结时间长、早期强度低等缺点。其中赤泥配比达 35%，可生产 425 号以上高标号水泥[9]。

除生产普通硅酸盐水泥外，山东铝厂还利用赤泥本身抗硫酸盐侵蚀性能强的特点，研发出了抗硫酸盐型赤泥水泥，水泥的赤泥利用量可达 600 ~ 800kg/t[5]。产品主要用于接触海水的盐化工程，生产量 2000 ~ 4000t/a。在利用赤泥生产普通硅酸盐水泥的基础上，该厂通过适当控制熟料中铝酸三钙含量，调整水泥粉磨粒度，正式生产油井水泥。生产量达到 10 万 ~ 20 万吨/年。进入 20 世纪 90 年代后，由于胜利油田自建水泥厂投产，山东铝厂的油井水泥停产[5]。

从物理角度看，赤泥的细度高，当加入适量的赤泥后，体系的细颗粒数量增多，存在的空隙被赤泥填充，水泥的密实结构增加，水泥的密度和强度也相应增大。从矿物相上看，赤泥的加入可加速早期水化反应，生成 C-S-H 和 C-A-S-H 等凝胶，胶凝于颗粒间的缝隙间，进而提高水泥的强度；同时赤泥的加入，导致四硅铝铁酸盐（C_4AF）、二钙铁酸盐（C_2F）、硫铝酸钙（C_4A_3S）等矿物相[10]增加，这些矿物相在一定程度上也有助于赤泥基水泥强度的提高。

赤泥基水泥具有一些优于普通硅酸盐水泥的特点，如早期强度高、抗硫酸盐侵蚀性能好，适用于施工速度快、早期强度高的构件，以及硫酸盐含量高的工作环境。

5.2　烧结砖

传统烧结砖是以黏土、页岩、煤矸石或粉煤灰为原料，经成型和高温烧制而成，其加工工艺如图 5-3 所示。典型的砖体主要由 SiO_2 和 Al_2O_3 为主要氧化物，CaO、MgO、Na_2O 和 K_2O 为主要化合物组成。赤泥是一种很好的制砖材料，因为赤泥与黏土具有相似的化学和矿物成分。

赤泥烧结砖工艺，与普通黏土烧结砖的烧结工艺相似，即将页岩、炉

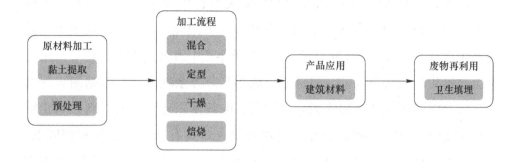

图 5-3　普通黏土烧结砖的"一生"

渣等原料进行破碎、筛分获得颗粒细度合格的原料，利用定量给料机将赤泥、炉渣、页岩等原料按比例掺配（赤泥为选铁后赤泥，比例占 40% ~ 50%），混匀待陈化后使用。物料经挤出、切坯、运坯、码坯，码放于窑车上，利用焙烧窑冷却带余热形成的热风将码放好的砖坯进行干燥脱水，干燥后的砖坯含水率降到 3% 以下；然后用摆渡车将干燥合格的砖坯送入隧道窑进行预热和焙烧，在烧结过程中采用"低温慢烧"技术进行烧结。焙烧后的产品经过保温、冷却后用液压顶车机顶出隧道窑，成品砖出窑后经卸垛机、叉车运出后进行外售。图 5-4 显示的是赤泥烧结砖的部分生产线。

图 5-4　赤泥烧结砖生产线[11]

山西铝厂从2006年开始规划利用赤泥和粉煤灰做原料生产新型隔热耐火保温材料。2007年3月，第一条年产1万余吨赤泥、粉煤灰耐火保温材料生产线正式投产；2007年底，第二条年产1万余吨赤泥、粉煤灰耐火保温材料生产线竣工验收。目前已形成年产2万余吨规模，包括耐火保温砖、耐火保温浇注料、耐火耐碱浇注料、电解槽用赤泥干式渗料、氧化铝大窑用耐碱复合砖。制备的赤泥粉煤灰耐火砖具有孔率高、体积密度低、热导率低、体积稳定、使用效果良好等优点，项目成果已达国内领先水平[12]。

贵州省建筑材料科学研究设计院以赤泥为主要原料，添加页岩和煤矸石等工业固废，成功生产出赤泥烧结路面砖，其中赤泥掺量达40%~50%，烧结砖性能优良，目前已建成了年产4000万块赤泥烧结路面砖的产业化生产线。

山东义科节能科技股份有限公司采用山铝低温拜耳法赤泥，经晾晒后加入少量陶瓷原料进行球磨，通过造粒、筛分、机械压制成坯，烧制成景观砖，烧制的景观砖实物图如图5-5所示。配方中赤泥含量高达50%以上。利用此方法生产的景观砖，理化指标均达到或高于国家标准，能很好地解决赤泥综合利用问题。

图5-5　赤泥景观砖

赤泥中含有大量的钠和铁化合物，前者可产生熔融物质，压缩和填充空隙，而后者在煅烧过程中释放气体，扩大空隙。赤泥的加入，使得熔融物质增多，在煅烧过程中有助于形成更多的玻璃相，填充空隙、减少微孔数量、压缩内部空间，从而降低赤泥烧结砖的孔隙率和吸水率，增加其强度[13]。

5.3 免烧砖

赤泥基烧结砖的生产方法与传统黏土砖的生产工艺十分相似，且易于实施。然而，在煅烧过程中会释放污染物，消耗大量的能量以及产生大量的温室气体。赤泥的主要矿物组成为钙钛矿、硅酸二钙、霞石和方解石等，另外还含有少量的赤铁矿、铁铝酸钙固溶体、硅酸镁钙、含水铝硅酸钠等矿物成分。同时赤泥具有一定的潜在活性和水硬性，其活性指数大于90%，可添加一定的激发剂、固化剂及骨料，通过一系列的水化反应生成胶凝物质，使不同颗粒间结合得更加紧密，从而制成符合国家相关标准的免烧砖制品[14]，图5-6显示了赤泥免烧砖的制备流程。在"绿水青山"的当前，赤泥免烧砖似乎是未来的发展方向，相关企业也进行了相关的研究并取得了丰硕的成果。

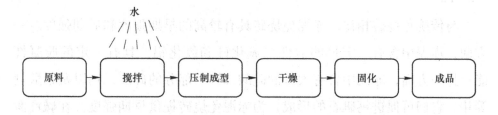

图5-6 普通免烧砖的生产流程

山东铝业有限公司以烧结法赤泥、粉煤灰、矿山石渣为主要原料，采用自然养护和蒸压养护两种生产工艺生产了赤泥免烧砖，分别达到了《非烧结普通黏土砖》(JC/T 422—1991)(1996)中15级要求和《蒸压灰砂砖》(GB 11945—1999)中优等品MU15级的要求，图5-7显示了赤泥免烧砖的一般生产工艺流程。通过成本核算，自然养护的赤泥免烧砖的生产成本能够控制在0.11元/块以下，蒸压养护的赤泥免烧砖的生产成本能够控制在0.14元/块以下，具有较好的经济性[15]。

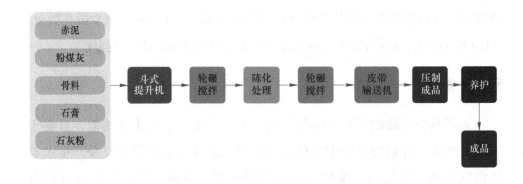

图 5-7　赤泥免烧砖生产工艺流程

该公司利用赤泥、粉煤灰研制免蒸免烧砖，赤泥∶粉煤灰∶骨料＝35∶30∶25，28d抗压强度达到8.92MPa，可满足MU7.5级非烧结普通砖的强度标准[16]。该公司还以50%粉煤灰、10%电石渣、10%水玻璃渣、20%赤泥、10%石屑、2%脱硫石膏，采用半干法压制成型工艺蒸压养护制得赤泥免烧砖。28d抗压强度达16.6MPa，抗折强度为4.2MPa[17]。

与传统免烧砖相比，赤泥免烧砖具有较高的早期强度和后期强度。一方面，赤泥中含有一定量的活性二氧化硅和氧化铝，具有一定的胶凝性能；另一方面，赤泥中含有大量的硅酸二钙、部分的硅酸三钙以及铝酸钙等相，它们可促进钙矾石的形成，为赤泥免烧砖提供早期强度。在碱性激发剂的作用下，这些相可以进一步转化为C-S-H和C-A-H凝胶，填充空隙为赤泥免烧砖提供后期强度[18-20]。与普通黏土砖相比，赤泥砖还具有更好的透水性和抗冻融性等。

5.4　透水砖

赤泥透水砖属于赤泥制砖的另一种专利技术。透水砖可以使雨水透过砖体流入地下，它是建设海绵城市必不可少的基础材料。近年来我国海绵城市建设方兴未艾，透水砖正是在这样的背景下获得迅速发展。目前市面上的透水砖有烧结型和非烧结型两类。非烧结型因为在强度、透水性、寿命等关键性能上不占优势，所以远不如烧结型透水砖的市场认可度高。烧结型透水砖主要利用固体废料作为原料，如陶瓷废料、耐火材料废料、钢渣、尾矿、废玻璃等。随着海绵城市试点数量的不断增加，透水砖市场需求逐年旺盛，使得透水砖行业对废弃陶瓷、废弃耐火材料等废料需求不断增加[21]。

赤泥主要化学成分为 Na_2O、SiO_2、Al_2O_3、Fe_2O_3、CaO 等，还含有微量重金属氧化物和痕量放射性物质，若自然堆放，赤泥中的碱金属、重金属等物质会渗入地下水系统，对当地的生态环境将产生较大的危害。赤泥虽然具有这些危害，但因含有 Na_2O、SiO_2、Al_2O_3、Fe_2O_3、CaO 等成分，加入合适的添加剂后，经高温下煅烧，这些物质及各种重金属氧化物可以形成玻璃化的硅酸盐物质，重金属离子在玻璃化的硅酸盐相中完全固结"惰性化"，不具备水溶性，不会再下渗污染地下水系统。赤泥的这一特性使得它可以在透水砖行业中作为原料使用[21]。

淄博天之润生态科技公司投资4000余万元建设了日产 $3000m^2$ 的生态赤泥透水砖全自动生产线，现已批量生产，年可处理消耗赤泥约7万吨。赤泥砖抗折强度达到 $6\sim8MPa$，普通5cm厚的黏土砖抗折强度为4MPa左右（国家标准为3.2MPa）。经检测机构检测，放射性、重金属溶出等指标均符合和优于建筑材料要求。同时，赤泥砖的渗水性、抗冻融、防滑性均比黏土砖具有较大优势；且赤泥透水砖生产利用赤泥等工业固体废渣和尾矿等废弃物作为主要生产原料，生产过程中无二次污染，有较好的社会、经济效益[22]。相比之下赤泥砖更具节能环保、资源循环利用效益，且赤泥砖价格与黏土砖持平，社会效益和经济效益更优于黏土砖。该生产线现可生产各种型号、规格的铺路砖、广场砖、六角砖、异型砖、植草砖、护坡砖，并可根据客户要求调制颜色，图5-8显示了赤泥透水砖在不同地区的实际应用效果。

图5-8　铺设在淄博某地区的赤泥透水砖

淄博天之润公司与山东铝业公司计划在山铝工业园区，投资2.3亿元建设赤泥利用工程示范项目，建成后可实现300万平方米新型生态透水铺路材料的产能，年可消化30万吨赤泥和20万吨陶瓷、耐火材料、尾矿等固体废弃物。

5.5　路基材料

赤泥基路基材料是以赤泥为基础材料，掺入改性固化材料，经拌匀压实形成的路基填筑体。其技术机理在于，通过改性固化赤泥材料与赤泥之间的电荷中和、吸附架桥、机械压实等作用，使赤泥基道路形成路用性能可靠、污染性指标可控的优质低成本路用填筑材料。可作为新建及改扩建公路的路基填筑材料，高速公路、国道、省道路基、市政道路路基材料，二级及以下等级公路底基层的填筑材料，建筑、厂矿、港口及堆场基础的填筑材料。从而实现赤泥的减量化、资源化、无害化利用。

中铝山东分公司于2005年修建了一条长4km的赤泥路基示范性路段，其以烧结法赤泥、粉煤灰、石灰等为主要原料，赤泥作为路基材料基本配方，该路段达到了石灰稳定土一级和高速路的强度要求。这是国内第一项在实际公路中应用的烧结法赤泥路面基层工程，共消耗烧结法赤泥2万余吨，是近年来赤泥使用量最大的工程，且一直正常使用到现在[23]。

2008年4月中国铝业山东分公司提供相应的配方，与淄博市公路局合作开展了利用烧结法赤泥作为道路结构层中基层材料的应用工作，在淄博市淄川区双杨镇凤凰路上铺筑了一条500m长，27m宽的试验路段，共消耗赤泥近4000t，图5-9显示了当时的赤泥路基铺设现场。目前，整个试验路段运转良好，经检测各项指标基本合格[24,25]，赤泥路面基层达到了石灰工业废渣稳定土层的一级和高速公路的强度要求，为利用赤泥、消除赤泥堆放和环境不利影响建立了一个良好的范例[8,22]。在相同的运输距离下，赤泥基层的单方修筑成本比石灰土和二灰碎石几种常见的基层材料要便宜10~20元[26]。

图5-9 赤泥路基铺设现场

平果铝业公司和北京矿冶研究总院通过碱稳定、离子交换、赤泥活化、压力成型等综合固化技术，研制了国内第一条赤泥基层道路及新型赤泥混凝土道路面层。已完成了800m赤泥道路基层与300m赤泥混凝土面层的工业试验及5km的扩大工业试验，经过近1年的太阳暴晒、雨水冲刷、大吨位车辆不均衡行车考验，运行良好，可满足高等级公路工程设计要求，推广应用前景广阔。

2018年4月4日，经清镇市政府批准，实施了清镇市广铝赤泥路用试验场技术验证项目。按照赤泥路基及底基层的要求,铺筑了长 25m、宽 7m、厚度 36cm 的小型路用试验场,共消纳赤泥 131t。同时,在试验场两侧设置了长期地下水环境质量监测井与环境指标监测设备。经有资质的第三方单位对赤泥芯样浸出污染性指标、地下水质量、现场顶面弯沉、强度检测以及市环保局独立检测,改性赤泥路用试验场满足相关公路与环保规范要求。

山东海逸交通科技有限公司已经实现了世界上首次将拜耳法赤泥用于实际公路工程建设实践,并作为交通部科技示范项目应用于济青高速公路改扩建工程。2018 年在济青高速滨州段 5.3km 路基上使用了 2 万吨赤泥。据初步测算,每千米高速公路可消纳赤泥 20 万 ~ 30 万吨,每千米国省干线公路可消纳赤泥 6 万 ~ 10 万吨,每千米市政道路可消纳赤泥 2 万 ~ 5 万吨。该赤泥基混凝土的现场路基施工图及其路用性能指标见图 5-10 和表 5-2。赤泥作为路基项目的实施真正实现了赤泥的大量综合利用,同时取得了巨大的经济和环保效益。

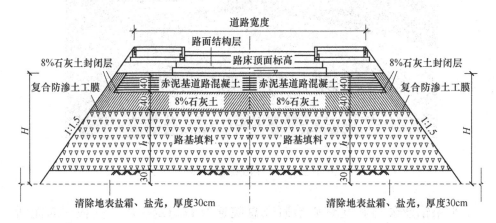

图 5-10　改性赤泥路基设计图[27]

表 5-2　改性赤泥路用性能试验指标[27]

检 测 项 目		改 性 赤 泥
击实试验	最佳含水率/%	26.8
	最大干密度/g·cm⁻³	17.1

检 测 项 目		改 性 赤 泥
三轴压缩试验	内摩擦角 ϕ/(°)	36.8
	黏聚力 C/kPa	143.2
无侧限抗压强度试验	7d 非浸水抗压强度/MPa	3.081
	7d 浸水抗压强度/MPa	3.047
界限含水率	液限/%	36.4
	塑限/%	21.5
	塑性指数	14.9
固结试验	压缩系数	0.07
膨胀性试验	自由膨胀率/%	5
	无荷载膨胀率/%	0
回弹模量试验	回弹模量/MPa	526.5
承载比试验	CBR/%	94
酸碱度	pH 值	9.4

　　该赤泥基混凝土以赤泥为基础材料，掺入磷石膏、水泥作为主要改性材料，另外加入重金属离子还原剂、络合剂及其他固化改性材料生产制得赤泥改性剂，赤泥改性剂与赤泥按照 8∶92 的比例混合，经拌匀压实形成路基填筑体（图 5-10）。改性赤泥对原赤泥中的污染物有良好的固化稳定效果，可有效降低赤泥中污染物溶出，满足环保要求。采用改性固化赤泥代替普通石灰土、水泥稳定碎石价格可便宜 10% ~ 30%[27]。该路基已成功应用到高速公路上，同时公司成果已成功应用于山铝、南山、魏桥、有色汇源、济青高速改扩建工程、国道 G309 公路建设工程等 25 个赤泥公路工程中。

　　北京科技大学、中色十二冶金建设有限公司项目组利用赤泥、煤矸石、粉煤灰、脱硫石膏、高炉渣五种固体废弃物和少量水泥成功制备出了路面基层材料。该科研团队还开发出湿赤泥均化分散新技术，减少了赤泥干燥和脱碱的环节，实现了赤泥、煤矸石等固体废弃物在公路基层中的高掺量和低成本利用。这项科研成果已成功应用在中铝华兴铝业道路项目中。应用实践表明，利用赤泥等多固废协同技术，赤泥、煤矸石等多固体废弃物掺量可达97%，基层材料7天无侧限抗压强度达6.2MPa，7天钠元素的模拟浸出为0.0013%（质量分数），施工工艺便捷，应用效果良好[28]。

除以上实际利用方式外，赤泥利用还有很多，并取得了较好的效果。比如将适当量的赤泥施入酸性土壤，利用赤泥具有较强碱性的特点对酸性土壤进行改良，该方法已在一些酸性矿山应用[6]。

5.6 新型陶瓷滤料

根据化学成分在生产过程中的作用，生产陶瓷滤料的原料可分为三类：（1）骨架成分，由多孔陶瓷骨架和应力骨架组成；（2）成气成分，形成多孔的主要物质形式；（3）熔体成分，降低骨架构件的熔点，起到辅助作用。赤泥含有大量的 SiO_2、Al_2O_3、Fe_2O_3、Na_2O 和碳酸盐。SiO_2 和 Al_2O_3 有助于陶瓷骨架的形成，Fe_2O_3 和碳酸盐作为成气组分有助于陶瓷滤料中多孔形状的形成，而 Na_2O 有助于降低烧结过程中的熔点。但是赤泥的可塑性和黏结性较差，需要添加一些黏结剂以成型并保证一定的强度。

中国铝业山东分公司2003年与武汉理工大学合作，投资成立了环保新材料（陶瓷）研发中心，建设了环保新材料中试生产线，成功开发出了利用赤泥、粉煤灰、煤矸石等固体废弃物进行配料的新型环保陶瓷滤料。2004年在湖北召开了产品推介会，得到与会专家的一致好评[24]。专家认为，微孔陶瓷滤球以赤泥、粉煤灰、煤矸石等工业废弃物为主要原料，配方和工艺方案合理，滤球的微孔分布均匀，结构上呈三位联通状态。微孔陶瓷滤球气孔率可达45%~57%，压碎强度达0.70~0.90kN，破损率<0.02%，磨损率<0.5%，盐酸可溶率<0.3%，其性能指标优于国内其他同类陶瓷滤料。微孔陶瓷滤球对工业废水（100m³/d）的处理表

明，节水节能效果明显，且可大幅度延长后续介质活性炭的使用寿命。微孔陶瓷滤球的生产可大量利用工业废弃物（综合利用率60%以上），减少工业废弃物对土地的占用和对环境的污染，具有显著的经济效益和社会效益，该技术在国内处于领先水平[29]。

山东迪芬德环保科技有限公司与中国铝业公司山东分公司合作，对砂化的低铁赤泥采用玻璃电融技术进行泡沫玻璃发泡成型，生产蜂窝状新型墙体保温材料。项目建成后，预计年利用赤泥可达60万吨，年产180万立方米新型保温材料。

5.7 硅酸钙绝热材料

微孔硅酸钙绝热材料是一种新型环保节能材料，是指经蒸压形成的以水化硅酸钙为主要成分，并掺以增强材料的绝热制品。一般用于650℃或1000℃的高温部位，而且不会燃烧，无毒。它具有容重轻、导热系数低、抗压和抗折强度高、施工方便、损耗率低、可重复再利用等优良性能，又具有可锯、可刨、可钉等易加工优点，节能效果明显，对热力输送管网具有施工方便、费用低、保温良好的综合效果[30]。

微孔硅酸钙保温材料的生产，主要是利用富含活性二氧化硅材料及石灰、纤维增强材料以及水等，经搅拌、凝胶化、成型、蒸压和干燥等过程，制成保温材料。生产采用动态法工业流程，配料均匀后的原料浆经泵送至凝胶罐，用蒸汽直接加热至一定温度，进行凝胶化反应。充分反应的凝胶注入根据用户要求设计的模具中加压成型。成型后的坯体进蒸压釜在一定温度下进行6~8h的养护，以保证凝胶产物彻底转化，饱和蒸汽压力为785~981kPa。蒸压养护后的坯体水分一般在80%左右，烘干、脱水后即形成产品毛坯。最后对毛坯进行整形、检验，包装后出厂[31]。

由山东铝业自主研发的利用30%赤泥代替硅藻土的产品具有高强、优质、成本低的特点，可达到降耗增效与综合利用的目的，该产品已投入工业生产，市场需求良好，其生产流程如图5-11所示[6]。该公司利用赤泥作为主要原料之一，加入石灰、膨润土、外加剂等材料，在合理的配比及工艺条件下，采用动态法生产工艺研制开发了赤泥微孔硅酸钙保温材料。

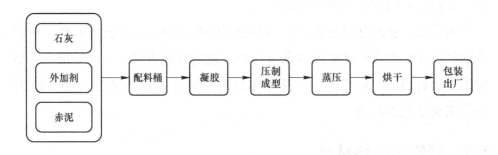

图 5-11 赤泥微孔硅酸钙保温材料生产流程[31]

表 5-3 显示了赤泥微孔硅酸钙保温材料的物理性能指标。产品性能分析表明：保温材料制品符合相关国家标准，年经济效益可达 118 万元，并具有显著的环境效益[23,31]。2001 年 5 月，以赤泥为主要原料之一、年产 1.2m³ 硅酸钙保温材料的生产线投产。目前，该生产线工艺稳定、产品质量优良，经济效益良好[31]。

表 5-3 赤泥微孔硅酸钙保温材料性能指标[31]

项　目	赤泥微孔硅酸钙保温材料	GB/T 10699—1998	美国标准	英国标准
密度/kg·m⁻³	215	≤220	≤240	≤240
抗折强度/MPa	0.31	>0.30	≥0.31	0.25
抗压强度/MPa	0.91	>0.5	≥0.414	≥0.5
最高使用温度/℃	650	650	649	650
导热系数/W·(m·K)⁻¹	0.0554(374.6K)	≤0.062(373K)	≤0.065((70±5)℃)	≤0.061(373K)
线收缩率/%	1.5	≤2.0	≤2.0	≤2.0
含水率/%	4.7	≤7.5		≤7.5
裂缝（650℃）	无贯穿缝	无贯穿缝		
剩余抗压强度/MPa	0.75	>0.40		

5.8 胶结填充材料

赤泥是生产 Al_2O_3 排放的废渣，利用其潜在的胶凝特性，可制成胶凝材料，并与废石或尾砂等集料组成胶结充填材料。赤泥胶结充填料由赤泥、粉煤灰、石灰、减水剂等组成。

赤泥全尾砂胶结充填的实质是以赤泥胶结剂与全尾砂混合后进行胶结充填，其充填工艺与全尾砂胶结充填工艺类似。充填料组分包括赤泥浆、石灰浆和全尾砂，其中石灰浆作为赤泥潜在活性的激化剂。以赤泥胶凝料替代水泥后，赤泥胶凝料的凝结硬化速度比水泥浆要快，而且成本低廉。

赤泥全尾砂胶结充填料浆的工作性态比水泥全尾砂胶结充填料优良，将三种组分连续供给搅拌机搅拌后，制备成的58%~60%充填料浆，能在低泵压或自流条件下顺利通过充填钻孔及井下管道输送至采空区。在充填过程中，不易发生堵管等不良现象，料浆在管内呈结构流体状态。充填料浆充入空区后，具有良好的流动性，不脱水，少量泌水可通过充填体渗出或通过矿岩裂隙渗出，并能严密接顶[32]。

在赤泥胶结充填技术运用中一般采用主、副双管道输送工艺，主管道用于输送赤泥粉煤灰浆，副管道用于输送石灰浆。料浆在井下主副管道的出口附近经气流混合器进行混合，最终进入采空区，形成不需脱水的膏状物料，凝固后成为较高强度的充填体。赤泥胶结填充工艺流程如图5-12所示。

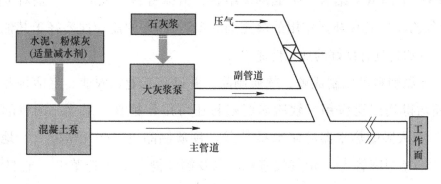

图 5-12　赤泥胶结填充工艺流程图[33]

该技术已于20世纪90年代在山东湖田铝土矿应用成功，并在山东莱芜铁矿开展工业试验，实验效果良好，具有广阔的应用前景[33]。

5.9 赤泥基高分子材料

赤泥基塑料（高分子材料）多以PVC树脂（或废PVC塑料）为基体材料，以经过烘干、粉碎等预处理的赤泥为填充剂，添加废机油和邻苯二甲酸二辛酯分别作为加工助剂和增塑剂，有时加入玻璃纤维、植物纤维和人造纤维作为增强剂，经捏合、密炼、压延或吹塑制成[34]。其基本配方（重量百分比）是：再生PVC 20%～80%，赤泥5%～80%，废机油0～20%，DOP 0～50%，其他填料0～20%[35]。

与一般聚氯乙烯塑料相比，其具有更高的拉伸强度、抗张强度和弹性保持力，具有耐热、耐磨、耐酸碱盐水腐蚀的能力，具有抗燃和自熄的能力、较好的光屏蔽和抗老化性能、加工性能优良等优点[36]。价格低廉、经济效果显著，可降低成本10%～20%[37]。

其机理在于：（1）赤泥中的CaO、SiO_2、TiO_2是PVC优质填充剂。（2）赤泥中含有的大量游离碱及Na_2O、CaO，可迅速吸收PVC老化逸出的HCl，延缓链锁反应，从而使填充后的PVC制品具有优良的抗老化性能，可比普通的PVC制品寿命长2～3倍。（3）赤泥中的Fe_2O_3、TiO_2是良好的光屏蔽剂，能吸收紫外线，延缓光老化。（4）赤泥中的M++可与废PVC中的R*结合，生成网体结合，增强材料的强度[35]，是对PVC（聚氯乙烯）具有补强作用的填充剂。（5）赤泥的流动性要好于其他填料，使塑料具有良好的加工性能[38]。

赤泥塑料可以制成硬、软质制品，并已在工业、农业、生活等各个方面均得到广泛应用。软质赤泥塑料还可用作粮食、果菜、饲料的储袋[39]，太阳能热水器的储水器[40]等。硬质制品可以作瓦楞板[41]、地板砖[37]、塑料圆管[37]、沼气发酵池，以及储气槽[42]、人造革[44]、管材[45]等。图5-13显示的是赤泥塑料在一些领域的应用。

图 5-13 赤泥塑料在不同领域的应用

5.10 防渗材料

赤泥中含有大量的硅酸二钙，经过长时间堆积后的赤泥具有防渗性，是一种良好的天然防渗材料，初期渗透系数可达 $1 \times 10^{-3} \sim 5 \times 10^{-4}$ cm/s，且随赤泥在堆场的堆积时间和堆积高度的增加，其防渗性能增加，在堆到 40m 高度时，赤泥的渗透系数可达 10×10^{-6} cm/s[46]。

在赤泥中加入适当的石灰作为激发剂，不但可以加快固化的速度，而且可以大大提高赤泥的防渗能力。山东铝业公司第二赤泥堆场底部采用赤泥、石灰按 1:9 最佳抗渗配比建设了厚度为 0.6～1m 的垫层，其渗透系

数为 1.55×10^{-7} cm/s，堆积时间 20 年[47]。对于地质条件复杂且防渗要求高的地区，还可以在加石灰的赤泥中再铺设一层人工防渗材料，制成复合防渗材料，其渗透系数可达 1.9×10^{-8} cm/s 左右[46]。

5.11 保温材料

赤泥轻质保温材料是以赤泥为主要原料，加入成孔剂等外加剂，经特定工艺制备的一种墙体保温材料。其辅助原材料分为两种：一种为带有胶凝性或潜在胶凝性的材料，包括水泥、石膏、粉煤灰、钢渣等；另一种为瘠性物料，包括膨润土、泥沙、石英砂等。

赤泥轻质保温材料的制备工艺主要有两种，即免烧工艺和烧结工艺。采用免烧工艺制备赤泥轻质保温材料时一般选用带有胶凝性或潜在胶凝性的辅助原材料，由于赤泥属于瘠性物料，水化活性很低，因此采用免烧工艺制备赤泥轻质保温材料时，需加入水化活性较高的辅助原材料，但这会导致赤泥的利用率偏低。

中铝集团晋铝耐材有限公司以赤泥和粉煤灰为原料研制开发了赤泥粉煤灰耐火保温材料，产品用于各种工业窑炉的保温隔热，并于 2009 年通过了科技成果鉴定。目前已形成年产 10 万吨赤泥粉煤灰耐火保温材料生产线，赤泥用量在产品中质量比例约占 30%，年可利用赤泥约 3 万吨，产生了良好的经济效益和社会效益[34]。

山东利源赤泥综合利用专利技术推广有限公司利用赤泥生产无机纤维（岩棉）。在赤泥中加入固化剂、酸度系数调节剂，与焦炭进行高温熔融，生产无机纤维，赤泥配比用量可达 70% 以上，可有效治理赤泥污染，生产的无机纤维达到了岩棉级别。工艺简单、生产成本低，可实现赤泥综合利用的规模化生产。

茌平美宇赤泥科技有限公司 2014 年成功以赤泥为主要原料生产出合格岩棉并实现工业化生产，通过增加某些元素，使其满足酸性系数 $(SiO_2、Al_2O_3)/(CaO、MgO)$ 大于 1.6，同时满足 CaO/MgO 大于 1 等条件。经熔融、离心机成纤并施加黏结剂生产出絮状矿物棉，通过加热加压、固化和切割处理制成制品。该岩棉遇水变化很小，具有较好的耐水性，克服了矿渣棉纤维在潮湿环境中稳定性下降的缺陷[48]。

5.12 微晶玻璃

微晶玻璃具有陶瓷和玻璃的双重性能，是一种新型材料。普通玻璃的内部原子排列没有规则，这也是玻璃易碎的原因之一。微晶玻璃是指加有晶核剂（或不加晶核剂）的特定组成的基础玻璃，在一定温度制度下进行晶化热处理，在玻璃内均匀地析出大量的微小晶体，形成致密的微晶相和玻璃相的多相复合体。所以微晶玻璃具有玻璃和陶瓷的性质，但它比陶瓷亮度高，比玻璃韧性强，故又被称为玻璃陶瓷或结晶化玻璃。

目前，有关赤泥在微晶玻璃上应用的研究较少，杨家宽等人做过以赤泥和粉煤灰为原料制备微晶玻璃的研究。赤泥是氧化铝生产过程中的富钙渣，为微晶玻璃的一种主要原料；粉煤灰是燃煤发电厂中静电除尘器得到的一种富含二氧化硅和三氧化二铝的固体废料，是微晶玻璃另一主要原料。通过试验，他们成功将赤泥和粉煤灰作为主要原料合成了氧化钙-氧化铝体系的微晶玻璃。试验结果表明，合成的微晶玻璃中赤泥和粉煤灰总量均达到85%，原料成本较低，经济效益和环境效益明显。

参 考 文 献

[1] Zhang N, et al. Evaluation of blends bauxite-calcination-method red mud with other industrial wastes as a cementitious material: Properties and hydration characteristics [J]. Journal of Hazardous Materials, 2011, 185(1): 329-335.

[2] Liu W, et al. Environmental assessment, management and utilization of red mud in China [J]. Journal of Cleaner Production, 2014, 84: 606-610.

[3] 王立堂. 山铝赤泥不排放的探讨 [J]. 轻金属, 1997(6): 15-18.

[4] 于健, 贾元平, 朱守河. 利用铝工业废渣（赤泥）生产水泥 [J]. 水泥工程, 1999(6): 34-36.

[5] 王立堂. 赤泥利用的有效途径 [J]. 世界有色金属, 1998(8): 39, 43-45.

[6] 戚焕岭. 氧化铝赤泥处置方式浅谈 [J]. 有色冶金设计与研究, 2007(Z1): 121-125.

[7] 许智芳, 等. 氧化铝赤泥的综合回收及利用现状 [J]. 山东冶金, 2010, 32(3): 8-12.

[8] 罗星, 等. 赤泥开发利用技术回顾与展望 [J]. 矿产与地质, 2019, 33(1): 174-180.

[9] 陈茂祺. 有色金属工业固体废物综合利用概况 [J]. 矿冶, 1997(1): 83-89.

[10] U. S. N. Singh M, P. P. M., Preparation of iron rich cements using red mud [J]. Cement and Concrete Research, 1997, 7(27): 1037-1046.

[11] 于水波, 董菲, 杨晓玲. 赤泥综合利用的工业化方法简述 [J]. 中国金属通报, 2019 (4): 192-193.

[12] 卫文英. 点石成金 精彩纷呈——山西铝厂资源综合利用成效显著 [J]. 中国有色金属, 2011(3): 52-53.

[13] He H, Q. Y. Y. S., Preparation and mechanism of the sintered bricks produced from Yellow River silt and red mud [J]. Journal of Hazardous Materials, 2012: 53-61.

[14] 李建伟, 等. 赤泥制备免烧砖的研究现状及技术要点探讨 [J]. 矿产综合利用, 2019 (3): 7-10.

[15] 杨家宽, 等. 铝业赤泥免烧砖中试生产及产业化 [J]. 环境工程, 2006(4): 4, 52-55.

[16] 王化民, 焦占忠, 邢国. 利用工业废渣赤泥和粉煤灰研制免蒸免烧砖 [J]. 轻金属, 1996(6): 16-19.

[17] 王萍, 等. 水玻璃渣和赤泥在蒸压粉煤灰砖中的应用研究 [J]. 新型建筑材料, 2013, 40(6): 26-29.

[18] Yang J, Xiao B. Development of unsintered construction materials from red mud wastes produced in the sintering alumina process [J]. Construction and Building Materials, 2008, 22(12): 2299-2307.

[19] Gastaldi D, et al. Hydration products in sulfoaluminate cements: Evaluation of amorphous phases by XRD/solid-state NMR [J]. Cement and Concrete Research, 2016, 90: 162-173.

[20] Kim S Y, et al. Synthesis of structural binder for red brick production based on red mud and fly ash activated using Ca(OH)$_2$ and Na$_2$CO$_3$ [J]. Construction and Building Materials, 2017, 147: 101-116.

[21] 刘金婵, 等. 赤泥制备生态透水砖的研究进展 [J]. 山东理工大学学报(自然科学版), 2020, 34(3): 56-59.

[22] 于水波, 董菲, 杨晓玲. 赤泥综合利用的工业化方法简述 [J]. 中国金属通报, 2019 (4): 192-193.

[23] 顾明明, 栗伟. Al$_2$O$_3$赤泥综合利用关键技术与推广应用研究 [J]. 中国有色冶金,

2011，40（2）：49-53.

[24] 刘福刚．赤泥综合利用技术应用回顾和展望 [J]．化学工程师，2011，25（6）：45-46，59.

[25] 王家伟，等．赤泥综合利用评述 [J]．广州化工，2012,40(16)：41-43.

[26] 杨家宽，等．烧结法赤泥道路材料工程应用实例及经济性分析 [J]．轻金属，2007(2)：18-21.

[27] 刘忾，郭群．改性赤泥在市政道路工程中的应用 [J]．中国市政工程，2019(1)：24-26，103-104.

[28] 本刊讯．赤泥等多固废协同利用制备路面基层材料填补应用空白 [J]．墙材革新与建筑节能，2017(12)：59.

[29] 肖锦．新型环保微孔陶瓷滤球的研发通过鉴定 [J]．中小企业科技，2005(12)：26.

[30] 南相莉，等．我国赤泥综合利用分析 [J]．过程工程学报，2010，10(S1)：264-270.

[31] 宋国卫，刘辉．赤泥在微孔硅酸钙保温材料生产中的应用 [J]．山东冶金，2004(2)：36-37.

[32] 杨泽，侯克鹏，乔登攀．我国充填技术的应用现状与发展趋势 [J]．矿业快报，2008(4)：1-5.

[33] 裴启涛，等．胶结充填技术在矿山的应用 [J]．矿业快报，2008(5)：92-94.

[34] 顾明明．Al_2O_3赤泥综合利用关键技术研究进展 [J]．轻金属，2014(4)：10-11，16.

[35] 李建勋．赤泥塑料的试验、机理及基本生产工艺 [C]．中国科协首届学术年会，1999.

[36] 用途广泛的红泥塑料．浙江科技简报，1983(1)：29.

[37] 郑东元．赤泥塑料鉴定会在威海举行 [J]．工程塑料应用，1982(2)：61.

[38] 许智芳，等．氧化铝赤泥的综合回收及利用现状 [J]．山东冶金，2010，32(3)：8-12.

[39] 黄惠珠．红泥塑料在规模化畜禽养殖场沼气工程中的应用——介绍福建省永安文龙养殖场沼气工程 [J]．中国沼气，2007(3)：23-24，26.

[40] 姜韬．红泥塑料袋式太阳能热水器的使用 [J]．太阳能，1996(4)：25.

[41] 徐美君．红泥塑料彩波瓦在昆明投产 [J]．建材工业信息，1993(23)：14.

[42] 红泥塑料沼气工程在猪场废水处理中的应用 [J]．江西农业，2013(6)：29.

[43] 张富群，吴枫，王幼慧．赤泥填充改性 PVC 人造革 [J]．聚氯乙烯，1983(1)：35-38.

[44] 刘万超，等．赤泥微粉填料制备高分子复合材料技术研究 [J]．轻金属，2018(10)：5-10.

[45] 陈南．铝工业废渣堆场防渗材料研究 [J]．广州师院学报（自然科学版），2000(5)：12-18.

[46] 刘国爱，郝建军. 山东铝业公司第二赤泥堆场地下水环境影响评价 [J]. 山东地质，2000(3)：30-35，52.

[47] 刘志学. 拜耳法赤泥作为岩棉原料的应用简介 [C]. 第七届尾矿与冶金渣综合利用技术研讨会暨招远市循环经济项目招商对接会，2016.

[48] 山东淄博赤泥综合利用项目将投产 [J]. 墙材革新与建筑节能，2013(1)：52.

6 赤泥基吸附材料

　　赤泥富含微细粒黏土矿物和铁矿，具有粒径小、骨架结构多孔、比表面积大、在水介质中稳定性好等特点，是一种廉价的吸附材料，在环境治理领域得到了广泛的应用。赤泥吸附剂不仅可以吸附废水中的铬、铅、镉等重金属离子，还可以吸附废水中的氟离子、砷酸离子、磷酸离子等非金属离子，以及酚类、染料等有机污染物。此外，赤泥还可用于重金属污染土壤的修复。

6.1 吸附重金属离子

　　鉴于未处理赤泥的吸附能力有限，目前直接用赤泥作为吸附剂来处理含重金属废水的研究较少。一般采用酸活化、热处理、铁改性、镧改性和复合改性等预处理方法增强赤泥表面的孔隙率和表面活性，进而增强赤泥吸附重金属的能力。图 6-1 所示为山东滨州某铝厂的赤泥未经改性、Fe（Ⅲ）改性、热处理和酸性活化处理后的扫描电镜图像[1]。从图 6-1（a）、（b）可以看出，未经改性的赤泥颗粒形态多样、大小不均，较大的块状颗粒表面分布着一些细小的球形颗粒，大于 $10\mu m$ 的块状颗粒包括铁氧化物

(a)　　　　　　　　　　　　　　　(b)

图 6-1 样品的 SEM 图像[1]

(a)、(b) 未改性赤泥；(c)、(d) Fe(Ⅲ) 改性赤泥；

(e)、(f) 热处理赤泥；(g)、(h) 酸性活化赤泥

和氢氧化铝，而直径约 $1.0\mu m$ 的微小絮状物为黏土矿物。从图 6-1(c)、(d)可以看出，经 Fe(Ⅲ) 改性后的赤泥样品分散性变差，赤泥基底块状

结构附着更多的团聚体。由图 6-1(e)、(f)可以看出，热处理后的赤泥颗粒表面变光滑，酸活化赤泥表面(图 6-1(g)、(h))呈现出相对紧密的层状结构。同时，由于碱金属氧化物在热处理和酸处理过程容易使赤泥表面变粗糙并生成许多新的空腔，导致赤泥比表面积显著增大。Sanjay R. Thakare 等人研究发现，热处理可以显著增大赤泥的比表面积[2]：未改性的赤泥比表面积为 6792m^2/g，热处理活化的赤泥比表面积为 241989m^2/g。

6.1.1 含铬废水

冶金、化工、矿物加工、电镀、制铬、颜料、制药、轻工纺织、铬盐及铬化物生产等一系列行业，都会产生大量的含铬废水。铬化合物有剧毒，易致癌、污染土壤和水质，而且具有较高的水溶性和流动性，因此含铬废水妥善处理方可排放。

Tsamo 等探索了赤泥作为吸附剂从水溶液中去除 Cr(Ⅵ) 的效果。首先采用酸溶法制备活化赤泥，再经氨沉淀处理。活化赤泥吸附 Cr(Ⅵ) 的单分子层容量为 30.74mmol/g，在最佳 pH 值的条件下去除率约为 70%[3]。Kim 等采用赤泥去除 Cr(Ⅲ)，发现使用 1.5g 赤泥从 100mL 含 150mg Cr(Ⅲ) 的溶液中去除 Cr(Ⅲ) 时，最大吸附效率为 99.9%[4]。Sahu 等研究了用 H_2O_2 活化的赤泥对 Cr(Ⅵ) 的吸附效果，结果表明，H_2O_2 活化赤泥对 Cr(Ⅵ) 具有明显的吸附性能，能有效去除水中各种浓度的 Cr(Ⅵ)，对 Cr(Ⅵ) 的去除率达到 87.65%[5]。

Li 等将赤泥与碳材料一起还原焙烧活化制备成了 Cr(Ⅵ) 吸附材料，活化后吸附材料表面生成了具有活性的纳米零价铁（nZⅥ）。如图 6-2 所示，废水中的 Cr(Ⅵ) 首先被 nZⅥ还原为 Cr(Ⅲ)，然后以 Cr-Fe 氢氧化物的形式被收集到吸附材料上，最后通过碳热处理将其转化为稳定的 $FeCr_2O_4$ 相，从而实现了吸附材料的碳热还原再生。研究发现再生过程有利于 nZⅥ颗粒在吸附材料表面生长、分离和暴露，提高了 nZⅥ颗粒与 H^+ 和 Cr(Ⅵ) 的反应活性[6]。

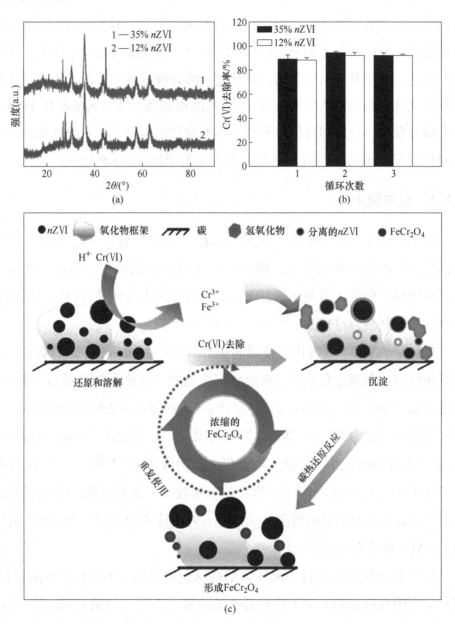

图 6-2　老化吸附材料的 XRD 图谱（a），碳热再生后吸附材料去除 Cr(Ⅵ)

循环效率（b），以及吸附材料吸附 Cr(Ⅵ)（c）的全过程示意图

6.1.2　含铅废水

铅可以阻碍血细胞的形成，通过血液穿透脑组织，造成脑损伤，并在

人体内积聚，导致慢性中毒，废水中的铅浓度小于 0.05mg/L 时才能排放[7]。

Yu 将赤泥、黏土和煤粉按照质量比为 85∶20∶5 混合，制备成了 Pb(Ⅱ) 吸附材料。通过研究反应温度对吸附剂去除废水中 Pb(Ⅱ) 的影响发现，当 Pb(Ⅱ) 初始浓度为 50mg/L，反应时间为 3h 时，20℃和30℃温度下的 Pb(Ⅱ) 去除率分别为 60.4% 和 82.6%[8]。温度对吸附有显著的影响：温度升高使吸附速率加快，也说明赤泥对 Pb(Ⅱ) 的吸附反应为化学吸附，吸附过程需要活化能。因此，提高温度可以提高吸附速率[9,10]。

6.1.3 含铜废水

铜污染主要来源于冶炼、金属加工、机械制造、有机合成等行业，其中金属加工和电镀工厂排放的废水中含铜量较高，每升废水达几十至几百毫克。含铜废水的排放严重影响了水体的质量，当铜离子含量为 0.01mg/L 时，对水的自净有明显的抑制作用，超过 3.0mg/L 时会产生异味。灌溉水中铜离子的临界浓度为 0.6mg/L，如果用含铜废水灌溉农田，土壤和作物中铜的积累会导致作物生长不良[11,12]。

马时成等人以锰渣和赤泥为原料，混合焙烧制备锰渣-赤泥吸附剂，并研究了锰渣-赤泥吸附剂对溶液中 Cu(Ⅱ) 的吸附性能。吸附剂制备过程如下：将锰渣和赤泥干燥、磨细、过筛处理，然后混匀、制粒、干燥、焙烧、磨细、过筛，得到吸附剂。同时制备了干燥后未经焙烧的吸附剂（编号为 A100）和不同温度焙烧（400~800℃）的吸附剂，并以温度为编号。考察了吸附时间、溶液初始铜离子浓度、溶液 pH 值等条件对吸附剂吸附铜离子的影响，结果如图 6-3 所示。由图可以看出，吸附剂对铜离子的吸附平衡时间为 22h；焙烧温度为 700℃制得的吸附剂对铜离子的吸附效果最好，在固液比为 0.4∶1 条件下，达到平衡时溶液中铜离子的质量浓度可从 20mg/L 降低到 0.053mg/L，平衡吸附量为 45.73mg/g，铜离子的去除率到 99.72%[13,14]。

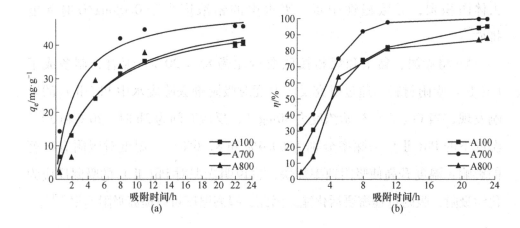

图6-3　不同吸附剂对 Cu(Ⅱ) 的吸附量（a）和去除率（b）

6.1.4　含镉废水

镉（Cd）污染的主要来源是锌、铜、铅冶炼，电镀，电池，合金，涂料和塑料等工业[15]。镉是一种对人体极为有害的元素，日本的"痛痛病"就是镉污染造成的，因此镉污染与公众健康的关系越来越受到人们的关注。

在 pH 值 2～12 范围内，镉主要以 Cd^{2+}、Cd^+、$Cd(OH)_2$、$Cd(OH)^{3-}$ 四种形式存在于溶液中[16~20]。因此，不同 pH 条件下的吸附形式不同。在此过程中，赤泥吸附剂对 Cd^{2+} 的吸附机理分析如下：pH 值在 2.5～6 时，溶液中镉主要以 Cd^{2+} 的形式存在，与赤泥吸附剂的主要作用机理如下：

$$H^+ + Fe\text{-}OH \Longrightarrow Fe\text{-}OH_2^+ \tag{6-1}$$

$$Cd^{2+} + Fe\text{-}OH_2^+ \Longrightarrow Fe\text{-}OCd^+ + 2H^+ \tag{6-2}$$

$$Cd(OH)^+ + Fe\text{-}OH_2^+ \Longrightarrow Fe\text{-}OCd(OH)^0 + 2H^+ \tag{6-3}$$

当 pH 值在 6.0～7.5 之间时，镉的四种形态同时存在。

$$Cd(OH)^+ + Fe\text{-}OH_2^+ \Longrightarrow Fe\text{-}OCd(OH)^0 + 2H^+ \tag{6-4}$$

$$Cd(OH)_2^0 + Fe\text{-}OH_2^+ \Longrightarrow Fe\text{-}OCd(OH)_2^- + 2H^+ \tag{6-5}$$

赤泥吸附剂对 Cd(Ⅱ) 的吸附主要表现为静电吸引、孔吸附和表面化学反应。其中 Fe-OH^{2+} 为质子化位点，Fe-OCd(OH)^0 和 Fe-OCd(OH)$^{2-}$ 为赤泥吸附剂表面形成的化合物。此外，赤泥吸附剂表面带负电荷，且具有较大的比表面积，因此部分 Cd(Ⅱ) 以静电作用形式吸附到吸附剂表面，一些 Cd(Ⅱ) 通过孔吸附作用吸附在内部。

Yang 等人[16]发现热处理可以显著提高赤泥对 Cd(Ⅱ) 的吸附能力、速率和稳定性，如图 6-4 所示。500℃条件下，赤泥比表面积显著增加（32.77m^2/g），吸附 Cd(Ⅱ) 能力可达 42.64mg/g。同时，由于热处理后赤泥对 Cd(Ⅱ) 的吸附以特性吸附（形成了内球络合物（—OCdOH））为主，静电吸附为辅，因此吸附能力较强，吸附 Cd(Ⅱ) 的稳定性几乎是原始赤泥的 2 倍。

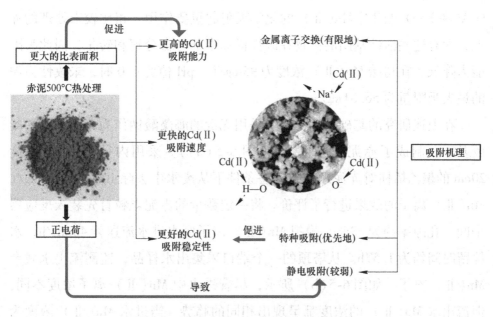

图 6-4　热处理赤泥吸附 Cd(Ⅱ) 机理

6.1.5　含锰废水

锰（Mn）是地壳中广泛分布的元素之一，是人体必需的微量元素。锰是环境水质污染物的重要重金属监测指标之一，过量的锰进入人体内，会造成锰中毒，轻则精神差、头痛、头昏、记忆力减退，重则言语不清、四肢僵直、智力下降，严重威胁人体健康。目前，在含锰废水处理领域，工程应用最广泛的处理方法为传统沉淀法、絮凝沉降法、电解法、铁氧体沉淀法。一般酸性含锰废水经过调 pH 值后，用传统化学沉淀法处理，锰离子浓度可减少至 5mg/L，但存在工艺较长、处理条件苛刻、成本较高、废渣较多、引入二次污染、处理量有限等问题。

Li 等人[1]以未处理赤泥、Fe(Ⅲ) 改性赤泥、热处理赤泥和酸活化赤泥为吸附剂，研究了其对酸性废水中 Mn(Ⅱ) 的去除效果。与未改性赤泥相比，Fe(Ⅲ) 改性赤泥、热处理赤泥和酸活化赤泥的 Mn(Ⅱ) 去除率分别降低了 34.26%、65.34% 和 54.93%。吸附前后的表征结果表明，赤泥比表面积对 Mn(Ⅱ) 的吸附没有起到主导作用，而赤泥表面的 O-C-O、Si-O-Al 和 Fe-O 基团对 Mn(Ⅱ) 的化学吸附起重要作用。相比较未处理的赤泥，含有这些活性基团的矿物在改性样品中部分被分解和转化，因此吸附能力降低。在初始 Mn(Ⅱ) 浓度为 95mg/L，pH 值为 6.0 时，未改性赤泥的最大吸附量为 56.81mg/g。

在上述研究的基础上，研究者采用无毒的海藻酸钠作为赤泥制球的凝胶基质，制成了赤泥基球状颗粒(图 6-5(a))。采用内径 2.0cm、高度 20cm 的聚乙烯柱对赤泥颗粒在动态条件下从废水中去除 10mg/L、20mg/L Mn(Ⅱ) 离子的效果进行了评价。将一定数量的赤泥颗粒首先装入反应器中间，孔隙率约为 33%。模拟 Mn(Ⅱ) 离子废水进水流速为 40mL/h，水停留时间约为 1.57h。从塔顶的一个端口采集出水样品，监测流出水残余 Mn(Ⅱ) 离子。如图 6-5(b) 所示，尽管进水中 Mn(Ⅱ) 离子浓度不同，但流出水 Mn(Ⅱ) 的浓度都呈现出相同的趋势。当进水 Mn(Ⅱ) 浓度为 10mg/L，流出水中 Mn(Ⅱ) 离子几乎完全除掉；随着反应时间的进行，流出水中的 Mn(Ⅱ) 离子浓度缓慢增加，35 天后增加到 7.28mg/L；然后在接下来的 16 天，保持在约 6.8mg/L。当进水中 Mn(Ⅱ) 含量增加到 20mg/L，在 2 天内，出水口 Mn(Ⅱ) 浓度减少到约 0.4mg/L；随着时间延长，出水口 Mn(Ⅱ) 离子浓度随之增加，在第 33 天，增加到 14.07mg/L；随着时间进一步延长，出水口 Mn(Ⅱ) 离子浓度维持在 12.20mg/L。在整个反应过程中，大部分赤泥颗粒未出现裂纹，表现出良好的机械强度。在反应的第3天，反应器的孔隙空间中形成了一些黑色的沉淀物，随后在整个反应设备中也发现了黑色的沉淀物。据分析，这些沉淀物可能是黑色的 MnO_2 或 $MnOOH$。

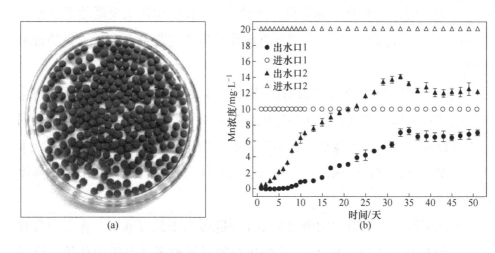

图6-5 新制备的赤泥颗粒的照片（a）及 Mn（Ⅱ）浓度的反应器流出物与不同的初始含量（b）

6.2 吸附非金属离子

6.2.1 含氟废水

氟是一种应用广泛的工业原料，很多行业的生产过程中都会涉及氟化物的生产或者会在生产过程中产生氟化物，大量含氟废水的产生和排放使自然水域中氟离子含量不断上升，严重污染了自然环境。含氟废水大多来自于铝电解、陶瓷、水泥、玻璃、半导体、钢铁、制药等行业。铝电解行业产生的烟气和废渣是含氟废水的主要来源之一。因为铝电解以冰晶石及氟化铝作为原料，反应会生成氟化氢、二氧化碳以及一些含氟的粉尘等。虽然现在我国在烟气净化方面取得了一定的进步，但仍有很大缺陷，一旦出现降雨，氟化物会随雨水进入自然水域，产生大量含氟废水。显像管玻壳生产过程中，需要大量氢氟酸清洗玻璃壳体上的尘土和杂质，然后用荧光粉沉屏，用醋酸乙酯、乙丁醇等有机物挂膜。在上述工艺中，氢氟酸主要起酸性抛光的作用。最近几年，相对各种传统制造业，彩色显像管、集成电路和芯片等电子工业产生的含氟废水的年排放量以成万立方米的速度增加，产生的大量成分复杂的高氟废水应引起我们的重视。除此之外，氟化工行业、钢铁制造业（如炼钢、炼铁等）、有色和稀土金属的采选冶以及成品加工、火力发电厂、硫酸和含硫化肥生产过程都会产生大量的含氟废水。

氟是人类以及动植物生长所必需的一种元素，但要求摄入量应当适中，过多过少摄入都会产生不良影响，过多摄入甚至会引起氟中毒。我国工农业以及其他行业的发展、含氟废水的不断排出，导致地下水、地表水以及土壤中含有过量的氟，不仅对人类的身体有伤害，还对整个生态环境造成危害。

赤泥可作为一种廉价的吸附剂用于去除废水中的氟离子。赤泥中含有一定量的 CaO、Al_2O_3、Fe_2O_3，这些化合物对氟离子具有吸附作用，可以加速絮凝体的沉降速度，中和赤泥在处理过程中的碱度，使出水 pH 值稳定，达到排放标准。盐酸活化和高温煅烧活化可以去除赤泥通道中的杂质、表面吸附以及骨架中的结合水，疏通赤泥内部孔隙，降低水膜对离子的吸附阻力，促进赤泥的扩散和吸附。经盐酸活化后的赤泥对氟离子的吸附能力高于原赤泥，吸附率可达82%，吸附过程与 Langmuir 等温模型一致。当 pH 值大于 5.5 时，赤泥的吸附能力受到影响。溶液中的 OH^- 和 F^- 离子竞争激烈，氟离子的去除率大大降低。在酸性环境中，弱电解质氢氟酸的形成可降低氟离子的吸附。

李等人利用赤泥浸出的铁和铝作为主要原料，制备了 Fe-Al 复合氧化物吸附材料[21,22]。Fe-Al 复合氧化物吸附剂制备优选条件为：Fe^{3+}/Al^{3+} 金属摩尔比为 1:1，制备 pH 值为 7.5。在 Fe-Al 复合氧化物吸附剂的基础上制备出具有高吸附容量的 Fe-Al-La 除氟吸附剂。图 6-6（a）所示为吸附剂扫描电镜图谱，可见 Fe-Al-La 吸附剂的表面粗糙，由小于 $1\mu m$ 的非晶纳米颗粒聚集而成。由图 6-6（b）可以看出，Fe-Al-La 吸附剂的吸附 pH

值范围比较宽，在 3.0 ~ 9.0 之间，pH_{PZC} 为 7.2，最大吸附容量为 74.07mg/g。在较低的 $pH(pH < pH_{PZC})$ 条件下，吸附剂表面正电荷较多，主要以静电作用吸引氟离子，吸附能力较高。而在 $pH(pH > pH_{PZC})$ 较高时，吸附剂表面羟基离子与氟化物的吸附位点竞争导致吸附能力急剧下降。当 pH < 3 时，氟离子主要以 HF 的形式存在，导致氟离子的吸附量下降。

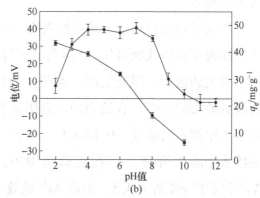

(a)　　　　　　　　　　　(b)

图 6-6　Fe-Al-La 吸附剂扫描电镜图谱(a) 及 Fe-Al-La 吸附剂的 Zeta 电位和
pH 值对氟吸附性能的影响 （b）

6.2.2　含砷废水

自然界的砷（As）主要来源于矿物，按照其中砷含量的多少大致可将矿物分为砷矿物和含砷矿物；在砷矿物中，砷为其中的主要成分，包括单质砷、砷化物、砷酸盐和亚砷酸盐，大多数砷矿物以金属矿物或它们的蚀变产物的形式存在。例如富砷金属矿物毒砂（FeAsS），其他典型矿物还有雄黄（AsS）和雌黄（As_2S_3）等。虽然研究发现毒砂、雄黄和雌黄可以通过微生物共沉积存在于矿床中，但矿区中砷的主要来源以富砷黄铁矿为主。

在工业生产中，采矿、选矿和冶金等行业不免会产生大量的含砷废渣、废气和废水，这些物质如果得不到妥善的处理将会对环境和人体造成极大的损害和污染，长期生活在砷污染的工业区会极大地增加患皮肤癌、膀胱癌、肝癌、肺癌等多种癌症疾病和心脑血管疾病的风险，砷污染已经严重影响人类的健康。同时，砷及其化合物也对植物和土壤造成严重的损害和污染，土壤中砷含量一旦超过标准值，则植物体内的砷含量也会超标，高砷环境会破坏植物体内的水循环，影响其对营养物质的吸收，从而抑制植物的生长。砷还会与植物体内的蛋白质功能团结合，使其变形失活，从而影响植物进行光合作用等新陈代谢活动。最后，经过生物富集作用，砷污染区域的动物或者植物会被处于食物链顶端的人类食用，严重危害人类健康。

赤泥对砷酸盐离子有选择性吸附，可作为砷的吸附剂，吸附砷酸盐离子的赤泥可由酸或碱再生。Yan 等人[23]在使用固体赤泥和酸去除砷方面取得了很大的进展。研究发现，赤泥在 7.6 ~ 9.0 和 5.5 ~ 6.0 的 pH 值范围内能有效去除 As^{3+}。在适当的赤泥用量下，溶液中的砷残留量可降低到工业废水中规定的浓度（0.1mg/L）以下。利用活化的海水中和赤泥可有效去除水中的无机砷[24]。在实验范围内，无论初始 As^{5+} 浓度如何，吸附 As^{5+} 的最佳 pH 值为 4.5，去除 As^{5+} 的效率约为 100%。

6.2.3　含磷废水

废水中磷的危害极大，过量的磷会超过土壤的自净能力，使土壤发生不良变化，导致土壤自净正常功能失调，而且还容易造成水体富营养化。

Huang 等人[25]发现经过酸活化和焙烧活化的赤泥对磷具有较强的吸附能力，饱和吸附量分别为 155.2mg/g 和 144.2mg/g。酸化过程造成赤泥表面腐蚀，增大表面的粗糙度，赤泥的比表面积从 14.09m/g 增加到 21.76m/g，从而增加了赤泥的吸附能力；同样，焙烧活化后赤泥表面形成微孔结构，比表面积增加到 15.69m/g，导致吸附效率提高。

王春丽等人发现，赤泥对磷的吸附属于单分子层吸附[26]。以粉煤灰为活化剂、膨润土为黏结剂、碳酸氢钠为发泡剂对赤泥进行焙烧活化发现，焙烧后的赤泥颗粒表面可形成—OH 官能团结构，这种官能团结构可在配体交换反应和除磷溶液中与磷酸根发生作用。因此，赤泥可以有效吸附溶液中的磷。

Zhang 等以赤泥为晶种，诱导磷酸钙结晶，从模拟废水中回收磷[27]，磷的回收率可达74.1%；其同时研究了在胶凝材料中加入赤泥，及赤泥对生态混凝土除磷效果的影响，发现赤泥对磷酸盐的最大吸附量为36.76mg/g，大于其他吸附剂。

6.3 吸附有机污染物

6.3.1 酚类废水

酚类物质是有机废水的主要污染物。酚类化合物广泛应用于造纸、农药、染料、纺织、医药、塑料、橡胶、皮革等工业中。苯酚及其衍生物具有极高的毒性和致癌性，必须在废水排放前得到有效去除。

由于赤泥和酚类表面电性不同，因此赤泥可以通过静电作用吸附酚类，例如苯酚、2,4-氯苯酚和2,4-二氯苯酚[28,29]。赤泥在 pH 值为 6.0 时对苯酚和2-氯苯酚的吸附能力最强，而对4-氯苯酚和2,4-二氯苯酚的最大吸附能力分别出现在 pH 值 5.0 和 4.0，吸附效率分别为 50.81% 和 94.97%。在流速为 0.5mL/min 的柱实验中，赤泥对苯酚及其衍生物的去除率高达98%。

Gupta 研究了过氧化氢活化赤泥对苯酚的吸附效果。发现 2-和 4-氯苯酚和2,4-二氯苯酚在500℃时的去除率为98%。活化赤泥的扫描电镜图像可以清楚显示类似聚硅酸铁铝的表面结构和孔隙率[30]。赤泥对不同酚类污染物的吸附能力见表 6-1。

表 6-1 赤泥对水中酚类污染物的吸附能力

吸 附 剂	被 吸 附 物	吸附量/mol·g^{-1}
赤泥	苯酚	$0.63 \sim 0.74$
赤泥	2-Chlorophenol	$0.72 \sim 0.79$
赤泥	4-Chlorophenol	$0.78 \sim 0.82$
赤泥	2,4-Dichlorophenol	$0.80 \sim 0.85$
Neutralized 赤泥	苯酚	2.50×10^{-5}
Acid-A 赤泥	苯酚	2.98×10^{-5}

6.3.2 有色染料废水

有色染料废水对水生生物具有很强的毒性。许多与人类健康相关的问题，如过敏、皮炎、皮肤刺激、癌症和突变，也都与水中的染料污染有关。纺织工业染料是废水中的主要有机污染物。染料通常不会自动光降解和氧化分解。

Gupta 等人[31]研究了赤泥对废水中罗丹明 B、坚绿、亚甲基蓝染料的去除，去除率分别为 92.5%、94.0%、75.0%，最佳 pH 值分别为 1.0、7.0、8.0；同时，研究了不同初始染料浓度、搅拌次数、吸附剂用量、pH 值对赤泥去除蒲吉安橙色染料的影响。当初始 pH 值从 2.0 增加到 11.0 时，去除率从 82% 降低到 0%。

Thakare 等人[32]将酸活化后再进行热处理的赤泥作为吸附剂吸附染料。发现，在 75min 内，水中的染料从初始的 100mg 降至 10×10^{-6}。物相分析发现，酸处理后，赤泥中方解石相消失。同时，经过酸—焙烧处理，针铁矿相转化为磁铁矿相。活化后的赤泥以赤铁矿为主。同时，酸活化前赤泥的表面形貌与酸活化后赤泥的表面形貌存在明显差异。酸活化后的赤泥比表面积显著增大，吸附能力增强。赤泥对不同染料的吸附能力见表 6-2。显然，赤泥对染料的去除效果不佳，因此，有必要对赤泥去除不同种类染料进行进一步的研究。此外，还需要对染料在赤泥上的吸附机理进行研究。

表 6-2 赤泥对水中不同染料的吸附能力

吸 附 剂	被 吸 附 物	吸附量/$mol \cdot g^{-1}$
赤泥	若丹明 B	$(1.01 \sim 1.16) \times 10^{-5}$
赤泥	快速绿色	$(7.25 \sim 9.35) \times 10^{-6}$
赤泥	亚甲蓝	$(4.35 \sim 5.23) \times 10^{-5}$
赤泥	刚果红	5.81×10^{-6}
赤泥	酸紫	2.42×10^{-6}
Acid-A 赤泥	刚果红	1.02×10^{-5}

6.4 土壤重金属污染修复

土壤作为人类赖以生存的关键资源，在人类的生产生活中占据着至关重要的地位。近些年来，各种工业废水的排放、畜禽粪便、农业化肥、灌溉用水等成为土壤重金属的污染源，使我国土壤质量面临严峻的挑战。根据 2014 年《全国土壤污染状况调查公报》，中国土壤总体环境不容乐观，全国土壤污染超标率达 16.1%，其中土壤中的重金属，如 Cd、Ni、As、Cu、Hg、Pb、Cr 的平均含量分别超标 7.0%、4.8%、2.7%、2.1%、1.6%、1.5%、1.1%。土壤污染严重区域主要涉及工业密集区、矿物开采区以及一些人类活动密集的区域。由于重金属污染物在土壤中的迁移性很小、隐蔽性强，一定程度上给重金属的修复带来了困难，因此，相比较于水环境的重金属污染，土壤中的污染治理难度更大、危害也更大。在湖南、湖北、广西、江西、四川等地都出现了重金属污染农田，其中水稻田污染较为普遍。重金属元素在土壤中积累可导致土壤环境质量恶化，并引起农作物产量和品质下降，危害人体健康。目前，我国农业粮食产量正在以每年 1000 万吨产量的速度持续锐减，遭受重金属污染的粮食产量达到了上千万吨，直接导致经济损失达到 200 亿余元。因此，合理治理土壤重金属污染问题成为当前重点研究的对象[33-35]。

赤泥比表面积大，特别是烧结法产生的赤泥富含氧化钙和氧化铁铝，pH 值很高，并能通过增加土壤胶体表面负电荷增强对重金属离子的吸附，降低土壤中重金属，应用于酸性土壤能显著降低其中重金属的生物有效性，其钝化机理与石灰类似。赤泥作为工业生产的固体废弃物，用于污染土壤修复具有成本低、以废治废的特点。

土壤中重金属的钝化去除具有重要意义。赤泥能有效降低重金属污染土壤中植物体内 Cd、Pb、Zn 的含量[36]。随着赤泥用量的增加，植物组织（稻米）中的重金属金属含量可从 1.25% 下降到 0.25%。从豌豆（Pisum sativum L.）和小麦（Triticum vulgare L.）中 Cd、Pb、Zn 含量的比较结果可以看出，赤泥处理后的植株的金属含量明显降低。在赤泥改良后的土壤上生长出的豌豆 Cd、Pb、Zn 的转运因子（TFs、地上部/根金属浓度）分别为 0.086、0.028、0.279，明显低于未经土壤改良的豌豆（分别为 0.384、0.052、0.825）[37]。

赤泥可显著降低砷在玉米地上部和根部的吸收和积累。此外，赤泥和堆肥可以固定土壤中的锌，在污染土壤中分别添加赤泥和堆肥，对土壤中锌的固定优于单独添加堆肥。单独使用赤泥可以有效减少土壤中的锌含量，使用赤泥或污泥稳定锌的效果优于赤泥和污泥，不仅促进锌的吸收，还增加土壤肥力。赤泥和石灰可大大改善土壤 pH 值和减少土壤中的铬的吸收和积累。

赤泥还可以降低蔬菜中的金属产量。经赤泥处理后的土壤中生长的莴苣的 As、Cd、Pb 和 Zn 浓度分别降低了 32.8%、83.5%、35.4% 和 81.0%。此外，污泥和赤泥的施用可以改善油菜的生长状况、产量，氮、磷、钾的吸收和营养状况[14,38]。

通过赤泥修复，有利于提高土壤有机质、氮、磷养分含量，调节土壤 pH 值和电导率。利用赤泥作为土壤改良剂是减少赤泥储存的有效途径[39,40]。综上所述，我们提出了一个决策方案来评估赤泥作为吸附剂处理污染土壤的适用性（图 6-7）。

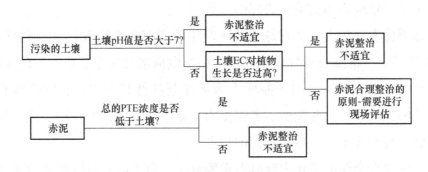

图 6-7　建议的赤泥处理污染土壤的评估方案

虽然赤泥在修复重金属土壤方面取得了一定的进展，但考虑将其用于食品或饲料作物可能会对人类食物链造成污染，还需进行进一步的研究。污染土壤的赤泥改良将为生态恢复带来更广泛的好处。值得思考的是，赤泥虽然可以用于土壤重金属污染修复，但是不可否认，赤泥本身含有重金属及部分放射性物质，施用到土壤中可能会带来一定的副作用。所以，在目前的研究基础上，要系统研究赤泥修复土壤的环境效应，使其既要达到要求的修复效率，同时尽量避免赤泥对环境可能带来的负面影响。

参 考 文 献

[1] Li Y, Huang H, Xu Z, et al. Mechanism study on manganese（Ⅱ）removal from acid mine wastewater using red mud and its application to a lab-scale column [J]. Journal of Cleaner Production, 2020, 253: 119955.

[2] Sanjay R Thakare, Jyoti Thakare, et al. A chief, industrial waste, activated red mud for subtraction of methylene blue dye from environment [J]. Materials Today: Proceedings, 2020: 822-827.

[3] Tsamo C, Djomou Djonga P N, Dangwang Dikdim J M, et al. Kinetic and equilibrium studies of Cr(Ⅵ), Cu(Ⅱ) and Pb(Ⅱ) removal from aqueous solution using red mud, a low-cost adsorbent [J]. Arab J Sci Eng, 2018, 43: 2353-2368.

[4] Kim S C, Nahm S W, Park Y-K. Property and performance of red mud-based catalysts for the complete oxidation of volatile organic compounds [J]. Hazard Mater, 2015, 300: 104-113.

[5] Sahu R C, Patel R, Ray B C. Removal of hydrogen sulfide using red mud at ambient conditions [J]. Fuel Process Technol, 2011, 92: 1587-1592.

[6] Li C, Yu J, Li W, et al. Immobilization, enrichment and recycling of Cr(Ⅵ) from wastewater using a red mud/carbon material to produce the valuable chromite ($FeCr_2O_4$) [J]. Chem Eng, 2018, 350: 1103-1113.

[7] Chen X, Xiang H, Hu Y, et al. Fates of microcystis aeruginosa cells and associated microcystins in sediment and the effect of coagulation process on them [J]. Toxins, 2013, 6: 152-167.

[8] Yu L. Biodegradation of decabromodiphenyl ether（BDE-209）by crude enzyme extract from pseudomonas aeruginosa [J]. Environ Res Public Health, 2015, 9: 11829-11847.

[9] Chiang Y W, Ghyselbrecht K, Santos R M, et al. Adsorption of multi-heavy metals onto water treatment residuals: Sorption capacities and applications [J]. Chem Eng J, 2012: 200-202, 405-415.

[10] Zhao Y, Wendling L A, Wang C, et al. Use of Fe/Al drinking water treatment residuals as

amendments for enhancing the retention capacity of glyphosate in agricultural soils [J]. Environ Sci, 2015, 34: 133-142.

[11] Sudduth E, Perakis S, Bernhardt E. Nitrate in watersheds: Straight from soils to streams [J]. Geophys Res Biogeosci, 2014, 118: 291-302.

[12] Do Prado N T, Heitmann A P, Mansur H S, et al. Pet-modified red mud as catalysts for oxidative desulfurization reactions [J]. Environ Sci, 2017, 57: 312-320.

[13] 马时成, 梅再美, 顾汉念, 等. 锰渣-赤泥吸附剂制备及其对铜（Ⅱ）吸附性能 [J]. 无机盐工业, 2020, 52(3): 85-89.

[14] Zhou R, Liu X, Luo L, et al. Remediation of Cu, Pb, Zn and Cd-contaminated agricultural soil using a combined red mud and compost amendment [J]. International Biodeterioration & Biodegradation, 2017, 118: 73-81.

[15] Yu Y, Paul Chen J. Key factors for optimum performance in phosphate removal from contaminated water by a Fe-Mg-La tri-metal composite sorbent [J]. Colloid Interface Sci, 2015, 445: 303-311.

[16] Kumar Yadav K, Gupta N, Kumar A, et al. Enhancing Cd(Ⅱ) sorption by red mud with heat treatment: Performance and mechanisms of sorption [J]. Journal of Environmental Management, 2020, 255: 109866.

[17] Duan F, Chen C, Zhao X, et al. Water-compatible surface molecularly imprinted polymers with synergy of bi-functional monomers for enhanced selective adsorption of bisphenol a from aqueous solution [J]. Environ Sci Nano, Minerals 2019, 9, 281: 20~22.

[18] Guo L X, Xu X M, Yuan J P, et al. Characterization and authentication of significant chinese edible oilseed oils by stable carbon isotope analysis [J]. Am Oil Chem Soc, 2010, 87: 839-848.

[19] Wang L, Ji B, Hu Y, et al. A review on in situ phytoremediation of mine tailings [J]. Chemosphere, 2017, 184: 594-600.

[20] Ahmad A L, Yusuf N M, Ooi B S. Preparation and modification of poly (vinyl) alcohol membrane: Effect of crosslinking time towards its morphology [J]. Desalination, 2012, 287: 35-40.

[21] 李丽. 赤泥中回收铁铝制备复合氧化物吸附剂及其除氟性能研究 [D]. 哈尔滨：黑龙江大学, 2017.

[22] Li L, Zhu Q, Man K, et al. Fluoride removal from liquid phase by Fe-Al-La trimetal hydroxides adsorbent prepared by iron and aluminum leaching from red mud [J]. Journal of

Molecular Liquids, 2017, 237: 164-172.

[23] Yan S, Song W. Photo-transfoation of phaaceutically active compounds in the aqueous environment: A review Environ [J]. Sci Process Impacts, 2014, 16: 697-720.

[24] 王艳青, 张书武, 李中和, 等. 海水冲洗赤泥用于去除水中砷的研究 [J]. 2007.

[25] Huang W, Wang S, Zhu Z, et al. Phosphate removal from wastewater using red mud [J]. Journal of Hazardous Materials, 2008, 158(1): 35-42.

[26] 王春丽, 吴俊奇. 活化赤泥颗粒吸附除磷的效能与机制研究 [J]. 水处理信息报导, 2016(3): 49-50.

[27] Zhang L, Zhang H, Guo W, et al. Removal of malachite green and crystal violet cationic dyes from aqueous solution using activated sintering process red mud [J]. Appl Clay Sci, 2014, 93-94: 85-93.

[28] Ghosh I, Guha S, Balasubramaniam R, et al. Leaching of metals from fresh and sintered red mud [J]. Journal of Hazardous Materials, 2011, 185(2-3): 662-668.

[29] Galina, Yordanova, Tzonka, et al. Biodegradation of phenol and phenolic derivatives by a mixture of immobilized cells of aspergillus awamori and trichosporon cutaneum [J]. Biotechnology & Biotechnological Equipment, 2014.

[30] Gupta V, Ali P I, Saini V. Removal of rhodamine b, fast green, and methylene blue from wastewater using red mud, an aluminum industry waste [J]. Ind Eng Chem Res, 2004, 43: 1740-1747.

[31] Gupta V K, Ali I, Saini V K. Removal of chlorophenols from wastewater using red mud: An aluminum industry waste [J]. Environ Sci Technol, 2004, 38: 4012-4018.

[32] Sanjay R T, Jyoti T, Kosankar P T, et al. A chief, industrial waste, activated red mud for subtraction of methylene blue dye from environment [J]. Materialstoday: processings, 2020, 29: 822-827.

[33] Shenvi S S, Isloor A M, Ismail A F, et al. Humic acid based biopolymeric membrane for effective removal of methylene blue and rhodamine B [J]. Ind Eng Chem Res, 2015, 54: 4965-4975.

[34] 刘坤. 土壤中重金属污染调查研究——以砷和汞为例 [J]. 黑龙江科技信息, 2017 (9): 30.

[35] 李怡帆, 罗亚红, 孙剑辉. 赤泥对重金属污染土壤的修复效果 [J]. 吉林农业, 2010 (6): 148.

[36] Fan Meirong. Effects of red mud on the remediation of Pb, Zn and Cd in heavy metal

contaminated paddy soil [J]. Journal of Anhui Agricultural Sciences, 2012.

[37] Hamdi N, Srasra E. Acid base properties of organos mectite inaqueous suspension [J]. Appl Clay Sci, 2014, 99: 1-6, 62.

[38] Huang Y Z, Hao X W. Effect of red mud addition on the fractionation and bio-accessibility of Pb, Zn and as in combined contaminated soil [J]. Chem Ecol, 2012, 28: 37-48.

[39] Eid E M, El-Bebany A F, Alrumman S A, et al. Effects of different sewage sludge applications on heavy metal accumulation, growth and yield of spinach (Spinaciaoleracea L.) [J]. Int J Phytoremediat, 2017, 19: 340-347.

[40] Li B, Yang J, Wei D, et al. Field evidence of cadmiumphyto availability decreased effectively by rapestraw and/or red mud with zinc sulphate in a Cd-contaminated calcareous soil [J]. PLoSONE, 2014, 9: e109967.

7 赤泥综合利用中存在的问题以及发展趋势

自氧化铝工业兴起以来，赤泥的问题一直困扰着全世界。随着时间推移，赤泥的堆存规模持续增大，严重影响了氧化铝工业的发展，也给世界环境和人类健康带来了极大的安全隐患。半个多世纪以来，国内外针对赤泥综合利用进行了大量研究，形成了许多赤泥资源化利用技术。尽管大部分工艺路线在技术上可行，但因其在经济、环保、健康等方面可能存在的问题，几乎都没有得到工业化应用。赤泥的综合利用问题重重。

7.1 赤泥综合利用中存在的问题

自"十二五"时期以来，我国加强了对赤泥综合利用的技术攻关，但实际成效并不显著，我国赤泥综合利用率不到一成，资源化道路依旧任重道远。

（1）技术上，目前赤泥的利用方案大都存在各种各样的缺点。工艺复杂，特别是从赤泥中回收有价金属，往往需要高温焙烧＋浸出＋磁选，或强酸浸出＋离子交换或萃取工艺，流程长、控制困难；容易形成二次污染，湿法或火法工艺处理过程中不可避免地产生废气、废酸和废渣，难以处理，对环境造成二次污染；无论回收何种组分，从比例上均是小部分，仍会残留大量尾渣，需要进一步处理，未能从根本上实现尾渣的消纳；赤泥中含有多种重金属离子，甚至放射性元素，自身元素释放的可能性给环境修复和生产建材留下了安全隐患。

（2）经济上，赤泥综合利用的经济效益不佳。处理成本高，无论是高温烧结还是强酸浸出回收有价组分，能耗及酸耗都是不可忽略的成本支出，生产各种建筑材料大多需要预处理，成本增加；产品附加值低，金属回收往往针对单一组分，产品价值不高，甚至不能抵消处理成本，赤泥制备材料目前还多停留在低端建材领域，附加值低。

（3）政策上，政府或行业组织对赤泥综合利用的重视程度有待提高。目前堆存仍然是氧化铝企业处置赤泥的主要办法，相关企业综合利用赤泥的动力不足；科研支持不足，国家"十三五"规划对铝工业固废的回收利用进行了专项支持，但地方政府对相关研究的支持力度不够，有待进一步加强；国家标准或行业标准缺失，赤泥相关产品或利用出口没有相关标准，阻碍了相关技术的推广应用。

（4）市场上，赤泥原料及相关产品流通困难。赤泥无论作为下游行业原料，还是终端产品，市场接受度均较差。赤泥作为下游行业原料，与传统原料相比没有突出优势，甚至存在某种缺陷，造成下游行业不愿选择赤泥作为替代品；由于赤泥含有重金属，甚至放射性元素，消费者出于对重金属泄漏风险的恐惧和对人体健康的保护，避免选择赤泥生产的相关产品；另外，赤泥及其相关产品质量大，不易运输，运输费用决定了运输距离不能太长，因此市场范围有限。

（5）体量上，目前赤泥的综合利用方向的期望消纳规模小。无论是有价金属回收、生产建材还是用作环境修复材料，对赤泥的消纳量与赤泥的产量和累积量不匹配，隔靴搔痒，不能改变赤泥大量堆存的现状。

7.2 赤泥综合利用发展趋势

赤泥综合利用是我国工业固废综合利用的重要组成部分，一直受国家和企业的高度重视。开展赤泥综合利用，是落实科学发展观、转变经济发展方式、发展循环经济、建设资源节约型和环境友好型社会的重要体现，也是氧化铝工业可持续发展的必由之路。应在国家政策的引导下，重点支持和引导企业技术创新、开发高消纳和低成本的赤泥综合利用技术，因地制宜，形成多途径、高附加值赤泥综合利用发展格局。根据工业和信息化部、科技部联合编制的《赤泥综合利用指导意见》，赤泥发展趋势包括：

（1）低成本赤泥脱碱技术。低成本赤泥脱碱技术不仅可以为赤泥的大宗高值利用奠定基础，还能回收利用其中的碱。技术攻关要点：低成本赤泥脱碱的基础物理化学条件优化；低成本赤泥脱碱技术的短流程清洁生产工艺开发；赤泥脱碱溶液的低成本浓缩技术；赤泥脱碱过程中的节能与能源梯级利用关键技术；低成本赤泥脱碱的成套设备研制。

（2）高铁赤泥及赤泥铁精矿深度还原再选铁技术。高铁赤泥（含铁量在30%以上）直接深度还原和赤泥铁精粉深度还原再选铁技术，可以使还原铁粉的品位达到90%以上，实现赤泥中铁回收率达到90%以上。技术攻关要点：深度还原反应气氛和过程的准确控制技术；深度还原过程中还原废气的回收利用、能源的梯级利用；深度还原工艺过程关键工艺参数优化；深度还原过程中抑制硅酸铁的生成及抑制物料与耐火材料的粘连技术；深度还原过程中铁粒的生长控制技术、自净化控制技术与非金属矿物物相控制技术；深度还原产物高效磁选分离技术。

（3）综合回收赤泥中多种有价组分技术。我国部分地区赤泥中含有镓、钪、铌、锂、钒、铷、钛、锆、钍等多种有价伴生组分，部分赤泥中铁、铝、钠等主要组分含量较高。攻关要点：多种有价组分在氧化铝生产过程中的低成本综合回收技术；存量赤泥中多种有价组分的低成本综合回收技术；多种有价组分综合回收过程中的节能节水关键技术；多种有价组分综合回收过程中的二次污染控制技术；多种有价组分综合回收的成套设备研制。

（4）赤泥制备路基材料技术。赤泥与石灰、粉煤灰、矿渣、脱硫石膏、自燃煤矸石及其他固体废弃物混合制备路基固结材料技术。技术攻关要点：赤泥与其他固体废弃物在路基材料应用中的配合比与粒级优化控制；赤泥路基固化材料在路基土中的高效分散技术；抑制赤泥固化路基碱溶出过程的优化控制；赤泥路基固化材料大规模生产、储运工艺优化，应用施工的现代化装备配套；赤泥路基固化材料应用环境效应评价。

（5）赤泥生产新型建筑材料技术。利用赤泥中含有黏土矿物且粒度极细的特点，经初步脱水后与煤矸石、粉煤灰及其他工业废渣混合生产烧结空心砌块及其他新型建筑材料技术。技术攻关要点：各种固体废弃物的粒级与配比的多重协同优化及大规模低成本预均化技术；烧成过程中碱挥发抑制技术和各种设备的碱腐蚀保护技术；物料高效拌合及水分预均化技术、泥料的表面活性剂增塑增滑挤出技术；快速煅烧过程中温度均化和反应控制技术及碱组分在硅铝网络体中的电荷平衡固化控制技术；赤泥免烧建筑材料的低成本技术和碱控制技术；大规模流水线生产自动控制技术。

（6）赤泥制备环境修复材料技术。利用赤泥具有巨大的比表面积和含有大量纳米和亚微米级孔隙的特点，生产具有可控孔结构、高气孔率、高比表面积和高强度赤泥环境修复材料技术；利用赤泥的高碱性及其他特征制备非烧结型环境修复材料技术。技术攻关要点：烧结型赤泥基环境修复材料成孔剂、扩孔剂与赤泥性能的协调性优化；赤泥基环境修复材料成型和烧结过程中纳米级和亚微米级孔隙结构活化技术；大规模工业化生产中碱组分迁移、碱污染和碱蚀沉积控制与能源梯级利用技术；赤泥基环境修复材料应用过程中的反应调控技术；赤泥基环境修复材料的环境效应综合评价；赤泥基环境修复材料成套生产设备研制。

（7）拜耳法高铁赤泥强磁选技术。对部分拜耳法高铁赤泥进行强磁选，从中提取铁品位在50%以上的铁精粉技术。技术攻关要点：赤泥不入库，在流程中进入强磁选铁环节，控制赤泥入选量、入选浓度和强磁选生产设备的匹配以及流量调节和赤泥中间仓调控的系统技术；抑制氧化铁矿物与非氧化铁矿物的物理团聚与化学团聚技术；高效低能耗的低温超导强磁提铁工艺技术及设备；提高铁精粉品位和回收率的成套设备改进和配套技术优化。